融 自 然　　承 传 统　　低 建 造
In to Nature　Reference of Tradition　Low-Tech Construction

U0249004

平 实 建 造 II
GENUINE CONSTRUCTING II

张 鹏 举 著
ZHANG PENGJU

中国建筑工业出版社
CHINA ARCHITECTURE & BUILDING PRESS

序

2016 年春节，我曾应邀为老友张鹏举的作品集作序。一晃六年多过去了，鹏举又在筹备新的作品集，还执意请我作序，让我有点儿压力。我想他的作品许多同行都十分欣赏，找别人写评论和作序一定不难，但还想让我写的原因我琢磨是不是我所倡导的以土为本的设计理念与他的实践和思考更合拍、更接近呢？

的确，仔细翻阅他准备的小册子，这几年来他又完成了十几项优秀的作品，都是在内蒙古，多是教育类建筑，每一座都规模不大，投资标准也不会高，但他都面对具体的场地特点和资源要素认认真真地想，认认真真地画，每一道墙，每一个空间，每一扇窗洞，每一种材料，都经过仔细推敲和挪移，找到最好或者说最合适的位置，不夸张，不勉强，不造作。整体看过去，虽然功能不同，环境不同，创作的主题不同，但都能看到比较一致的设计手法和建构逻辑。应该说鹏举大师已经形成了一套应对设计题目的解题方法和技术手段，在形式上也渐渐呈现出他的个人风格，这是建筑师走向成熟和成功的标志。尤其在经济发展大起大落的内蒙古地区是很不容易的，是一种难能可贵的坚守和磨砺！

记得在上次的序言中我曾经写了对鹏举的印象——朴实、执着、认真、低调。这几年每次见面这个印象也一直没变，反而更加强烈，连同他一贯的优秀作品，整体形成了一种植根于草原沃土的人格魅力。文化大家余秋雨说：什么是文化？文化就是一个民族的集体人格，中华民族的集体人格就是君子。我十分认同余先生的论断。从小到大，我们潜移默化地认为做人的标准就是做君子，不做小人。无论对历史先贤的评价和歌颂，还是对当下社会变革中的芸芸众生，我们心中都有一个标尺，就是君子的标准。延伸到建筑设计上来说，在某种程度上设计也是一种价值观的表达。从单件作品中能看出设计者的智慧和才气，而要从作品中看出作者的人格，就要求作品一定是件件都有一贯的品质、一样的追求、一种发自内心的定力。不能这件好，那件差，不能是拿出来给人看的是好的，而做的差的就不提。不能有的是作品，有的是产品，有的是赝品。创作立场和态度的一贯性是很重要的，但在市场和权力的左右下要做到这点谈何容易！而鹏举大师做到了，他的作品反映出他的人格，从他的作品的魅力就能品出他的君子格调，令人钦佩，也应该学习！

我总说喜欢他的"平实建造"的这个名字。每当看到这个名字，眼前就浮现出在平阔起伏的草原上，坚实而厚重的建筑时隐时现，让人有一种恒久的感觉，因与大地融为一体而获得力量，并现出长久的价值。

愿在草原上、在山岭中、在大海边、在田野上，在城乡的角角落落，都能发现越来越多的平实的建筑，而这些建筑的背后也将出现越来越多的有平实心态和高尚人格的建筑师，我想这才是中国建筑文化的传承之道。

崔愷

2022 年 10 月 6 日

Foreword

During the 2016 Spring Festival, I was invited to write a preface for the work collection of my old friend Zhang Pengju. Now, more than six years have passed, and Pengju is preparing a new work collection and insists on inviting me to write the preface again, which makes me feel a bit of pressure. I think many of his works are highly appreciated by his peers, and it should not be difficult to find someone else to write comments and preface. However, I wonder if the reason he wants me to write it is because my design theory of being based on the local context is more compatible and closer to his practice and thinking?

Indeed, after carefully reviewing his prepared booklet, he has completed more than ten excellent works in the past few years, mostly educational buildings in Inner Mongolia. Each one is not large in scale and the investment standard is not high, but he cautiously considers the specific characteristics of the site and resource elements, carefully sketches every wall, every space, every window opening, and every material, and finds the best or most suitable position through elaborative deliberation and adjustment. It is not exaggerated, not forced, and not artificial. Overall, although the functions, environments, and themes of each building are different, a relatively consistent design method and construction logic can be seen. It can be said that Master Zhang Pengju has formed a set of problem-solving methods and technical means for dealing with design tasks, and his personal style is gradually emerging in terms of form, which is a sign of architects' maturity and success. Especially in the Inner Mongolia region, where economic development has risen and fallen greatly, it echoes on old Chinese poem: Sharp edge of a sword fragrance comes from the bitter cold.

I remember in the previous preface, I wrote about my impression of Zhang Pengju - simple, persistent, serious, and low-profile. Over the past few years, every time we meet, this impression has only grown stronger, along with his consistently excellent work, forming a personality charm rooted in the fertile soil of the grasslands. The cultural expert Yu Qiuyu once said: "What is culture? Culture is the collective personality of a nation, and the collective personality of the Chinese nation is that of a gentleman." I strongly agree with Yu's assertion. From childhood to adulthood, we have unconsciously formed the standard of being a gentleman, not a petty person. Whether it is the evaluation and praise of historical sages or the masses in the current social transformation, we have a standard in our hearts, that is, the standard of a gentleman. In architecture design, to a certain extent, it is also an expression of values. The wisdom and talent of the designer can be seen in each piece of work, but to see the author's personality from the work requires the consistency of quality, pursuit, and inner strength in each piece. It cannot be that some pieces are good, while others are poor. It cannot be that some works are presented as good to show people, while others are not mentioned. It cannot be that some are works, some are products, and some are counterfeits. Consistency in creative stance and attitude is essential, but it is not easy to achieve this in the influence of the market and power. However, Pengju has achieved this. His works reflect his personality, and the charm of his works can reveal his gentlemanly demeanour, which is admirable and should be learned!

I always say that I like the name "Genuine Construction" that he came up with. Every time I see this name, I can imagine solid and stable buildings looming on the flat and undulating grassland, giving people a long-lasting feeling of being integrated with the earth and gaining strength, and showing long-term value.

I hope to see more and more genuine buildings on the grasslands, in the mountains, by the sea, in the fields, and in every corner of the city and countryside. And behind these buildings, there will be more and more architects with a humble attitude and noble character. I believe this is the way to inherit and carry forward the Chinese architectural culture.

Cui Kai

October 6, 2022

Preface

前言

《平实建造》（以下简称《I》）出版六年后，再编辑出版《平实建造 II》（以下简称《II》），目的有三：有些新认识；连续呈现的益处；编辑过程即是总结过程。

对六年来的新的作品做连续性的呈现，借此再做一些总结和梳理，益处自不必说，下面只谈一些新认识。

首先是对"平实"认识的拓展：在《I》前言中曾从地域精神和人本建筑观两个维度解读"平实"，认为建筑必然基于和归于一种逻辑生成后的"平实"。因而"平实"是一个基本的价值观和操作方式。"平实"既是态度，也是策略，还是结果。作为态度，可以表述为理性和诚实；对应策略，可以概括为"相适生成"，即建筑与在地背景条件相适配的生成过程；从结果来看，是"生成"之后的自然状态，而不是从表面上容易看得到的"平实"表达。

其次，对于"生成"从三个维度来认识。我在内蒙古做设计，会面对很多具有地域特色的制约因素。在进行某一具体的建筑创作时，需要对不同的地域资源、气候、传统、经济、社会生活等要素进行考量，以相适的策略分别对待。在理想状态下，多种策略手法相互包容、叠加，最终形成的建筑会是平实的，从这一维度看"生成"是一种"叠加生成"；但是，多数情况下，各种策略并不能自行统合，常常各抢风头，建筑因此会变得不够自明，能耗自然也会提高，因此，策略间的统合一体非常重要，也就是说不同逻辑需要一个自洽的过程。从这一维度看，这种不发生矛盾的生成过程是一种"自洽生成"；同时，建筑师秉持真诚的态度是生成的基础，一栋真正意义上的好建筑，必然是真、善、美合一的建筑。在我看来，"美"是不用刻意追求与表现的，当设计能够真实地对待建筑功能的基本诉求，善意地对待使用者的客观需求时，"美"就会自然而然地"生成"，从这一维度看，此时的生成是一种"自然生成"。由此，关于"生成"，可以总结为，以自然生成的态度，完成从相适到自洽的生成过程。本书《II》在"生成"层面讨论"平实"，在第三部分"设计"中多有呈现，如，针对不同设计项目的统合、整合、选择、操作、组织、体验、适应、匹配等都是"生成"过程的具体策略。

同时，与策略配合，在"研究"部分讨论平实建造不同的底层思维，某种程度都是关于创作背景，尤其是地域性创作的背景和条件，从另一角度看又是创作目标。如在地材料、文化传承、统合多效、传统智慧、低碳思维等。总体上概括为融自然、低建造、承传统的设计路径。关于融自然，注重建构建筑适应环境的设计路径：针对内蒙古地域存在的建筑设计方法与自然条件不匹配的现状，尤其是粗放、感性以及无差别对待气候、地貌和资源等问题，通过研究内蒙古各地的气候和地貌的差异，挖掘自然和再生材料资源，从建筑与气候的关联中凝练出系列空间设计路径，从建筑与地貌的关联中凝练出系列形态设计路径，从建筑与本土资源的关联中凝练出系列建造技术路径；关于低建造，注重建筑改造更新的设计路径：针对内蒙古地域存在的建设需求与经济能力不匹配的现状，尤其是弃旧建新、非理性建设浪费的问题，聚焦内蒙古各地的大存量建筑，集中研究了既有建筑改造与弱经济的适洽路径，主持完成了系列低造价建筑改造设计项目，如收入本书《II》的两个项目——内蒙古乌海市黄河化工厂改造和内蒙古青年政治学院锅炉房改造，都更注重低建造下的设计研究；关于承传统，注重建筑转

Preface

Six years after the publication of "Genuine Construction" (hereinafter referred to as "I"), the edited version "Genuine Construction II" (hereinafter referred to as "II") was published with three purposes: to present the new works of the past six years in a continuous manner, to make some summaries and combing, and to use the editing process as a summary process.

The benefits of presenting new works in a continuous manner (six years) and making some summaries and combing are self-evident. Here, we only discuss some new insights.

Firstly, there is an expansion of the understanding of "genuineness": in the preface of "I", "genuineness" was interpreted from the two dimensions of regional spirit and human-oriented architectural view. It was believed that architecture must be based on and return to a logical "genuineness". Therefore, "genuineness" is a basic value and operational mode. "genuineness" is not only an attitude, but also a strategy and a result. As an attitude, it can be expressed as rationality and honesty. As a corresponding strategy, it can be summarised as "generating in accordance with suitability", that is, the process of generating architecture that is suitable for the local background conditions. In terms of results, it is the natural state after generation, rather than the "genuineness" expression that is easily visible on the surface.

Next, let's understand "generation" from three dimensions. As a designer in Inner Mongolia, I face many constraints with regional characteristics. When working on a specific architectural creation, it is necessary to consider different factors such as regional resources, climate, traditions, economy, and social life, and to use appropriate strategies for each. In an ideal state, multiple strategies and techniques can be mutually inclusive and combined to form a genuine architecture. From this perspective, "generation" is a form of "cumulative generation". However, in most cases, various strategies cannot integrate on their own, and often compete with each other. This can make the architecture less clear and increase energy consumption. Therefore, the integration of strategies is very important, meaning that different logics require a coherent process. From this dimension, this conflict-free generation process is a form of "self-consistent generation". At the same time, the architect's sincere attitude is the foundation of generation. A truly good building is one that combines truth, goodness, and beauty. In my opinion, "beauty" does not need to be deliberately pursued or expressed. When the design can truly address the basic demands of the building's function and treat the user's objective needs with goodwill, "beauty" will naturally "generate". From this perspective, this type of generation is a form of "natural generation". Therefore, regarding "generation", it can be summarised as completing the process from suitability to self-consistency with a natural generation attitude. This book " II " discusses "genuineness" at the level of "generation", and it is presented in various ways in the third part "design", such as the specific strategies of integration, selection, operation, organizational structure, experience, adaptation, and matching for different design projects, which are all part of the "generation" process.

At the same time, in conjunction with strategies, the "Research" section discusses different underlying thinking in genuine construction, to some extent related to the background of creation, especially the regional background and conditions of creation, viewed from another perspective, it is also a creative goal, such as local materials, cultural heritage, comprehensive efficiency, traditional wisdom, and low-carbon thinking. Overall, it can be summarised as a design path that integrates nature, low construction, and tradition. Regarding integrating nature, the design path focuses on constructing buildings that adapt to the environment: in response to the current situation in Inner Mongolia where the existing architectural design methods do not match the natural conditions, particularly the problems of extensive, intuitive, and indistinct treatment of climate, landforms, and resources, a series of spatial design paths are distilled from the correlation between buildings and climate through researching the differences in climate and landforms in various regions of Inner Mongolia, a series of formal design paths are distilled from the correlation between buildings and landforms, and a series of construction technology paths are distilled from the correlation between buildings and local resources.

Regarding low construction, the design path emphasises the design path of renovating and updating buildings: in response to the current situation in Inner Mongolia where the construction demand and economic ability do not match, particularly the problems of waste from

译文化的设计路径：针对内蒙古各地存在的建筑设计表达与传统文化不匹配的现状，尤其是对地域传统和民族文化研究不足、方向偏离的问题，系统研究了内蒙古全境内的传统建筑，揭示了内蒙古传统建筑的演变机制，聚焦地域传统民居的现代转译，推出了现代轻木结构、生土沙袋结构、生土模块结构三种绿色建造技术体系，解决了地方乡村牧区建设中文化传承、生态保护和现行建造方式的矛盾。

还有，对于"建造"一词，《Ⅰ》出版后，朋友多有问及为什么不用"建筑"而用"建造"，借此再做些说明。我更加愿意谈论"建造"是因为建筑有永恒的主题，是一个泛概念，建造则看重具体过程。从这个角度看，建筑是过程的结果，我希望这一结果是在过程中获得的，即在"造"中获得。如果平实建筑是一个结果，那它是"平实建造"的产物。因此，相比于结果，过程中的方法更为重要，其核心在于认真地解决问题，而不是实现建筑师已有的设想。在我看来，"自上而下"（Top-down）的设计手法固然普遍，"自下而上"（Bottom-up）的理性建造是对建筑师的基本功的考验。强调"建造"也想借此不断告诫自己，避免一种形式主义倾向。避免因为直奔预设的目标，可能会忽略了设计过程中逐步显现出来的需求与适宜策略的机会。事实上，平实建造本身是具有弹性设计思维的，作为一种动态的思维，表现为对设计逻辑的较真儿，即建筑不是随意发生的，建筑师为了找到最适合、最适宜的设计办法，需要经过反复的推理和归纳。平实建造正是主张这样的动态思维：随着参与过程的推进，建筑师的思想在转变，结果也随之而变。最后的建筑也不是最终式，在投入使用后，建筑将进入新一轮演变周期，与自然共生。

当然，我所指的"造"也包括真正施工过程的建造，就是说，对我来说图纸出手从来不意味着设计的终结。可以说本期的项目设计都是在现场完成的，我在不同的项目中谈论了这个问题。

把"造"的思想运用于城市中的公共建筑，可能就化身为节约资源的、融于环境肌理的合理性创作；若运用于乡野，它就会改变自己来适应环境，其更多地体现为本土资源再生、建筑形式低调的生态设计。

因此，做设计，我选择处于"造"的状态当中。

以上即为从《平实建造》到《平实建造Ⅱ》期间的设计成果和认知路径。

张鹏举
2023 年 1 月

demolishing old buildings and constructing new ones and irrational construction, a series of low-cost building renovation design projects have been completed, focusing on existing large-scale buildings in various regions of Inner Mongolia and concentrating on the appropriate paths for renovating existing buildings with weak economic strength, such as the Modification of the Yellow River Chemical Plant in Wuhai and the Boiler Room Renovation Design of Inner Mongolia Youth Political Science College, both of which are more focused on the design research under low construction. Regarding traditional inheritance, the design path emphasises the design path of translating culture through architecture: in response to the current situation in which architectural design expression does not match traditional culture in various regions of Inner Mongolia, particularly the problems of insufficient research and deviation in the direction of regional traditions and ethnic culture, a systematic study of traditional architecture throughout Inner Mongolia has been conducted, revealing the evolution mechanism of traditional architecture in Inner Mongolia, focusing on the modern translation of regional traditional houses, and launching three green construction technology systems, namely modern lightweight wood structure, rammed earth sandbag structure, and rammed earth module structure, to solve the contradictions between cultural inheritance, ecological protection, and current construction methods in local rural and pastoral areas.

After the publication of "Ⅰ", many friends asked why the term "建造" (constructing) was used instead of "建筑" (architecture). I would like to discuss "construction" more because "architecture" is an eternal theme and a general concept, while "constructing" emphasises the specific process. From this perspective, architecture is the result of the process, and I hope this result is achieved during the process, that is, in the "construction" phase. If genuine architecture is a result, it is the product of "genuine construction". Therefore, compared with the result, the method in the process is more important, and its core is to solve problems seriously, rather than realizing the architect's preconceived ideas. In my opinion, the "top-down" design method is certainly common, but the "bottom-up" rational construction is a test of the architect's basic skills. Emphasizing "construction" is also a way to constantly remind myself to avoid a formalistic tendency. By avoiding aiming directly for predetermined goals, one may overlook the opportunities for needs and appropriate strategies that gradually emerge in the design process. In fact, genuine construction itself has elastic design thinking, which manifests as being rigorous in design logic. That is, architecture does not happen randomly, and architects need to go through repeated reasoning and induction to find the most suitable and appropriate design approach. Genuine construction advocates this dynamic thinking: as the process progresses, the architect's thoughts will change, and the result will also change. The final building is not the final version. After being put into use, the building will enter a new cycle of evolution and natural symbiosis.

Of course, when I say "造" (creation), it also includes the actual construction process, which means that for me, the release of drawings does not mean the end of the design. It can be said that the design of this issue's projects was completed on-site, and this issue was discussed in different projects.

The application of the concept of "creation" in public buildings in the city may translate into rational creation that conserves resources and blends in with the surrounding environment. If applied in rural areas, it would adapt to the environment and reflect more of a low-key ecological design that emphasises the regeneration of local resources and the use of appropriate building forms.

Therefore, when designing, I choose to be in a state of "creation".

The above is the design results and cognitive path from "Ⅰ" to "Ⅱ".

Zhang Pengju
In January 2023

目录

Contents

评述

Comment

张鹏举的边地实践

史永高

摘要：把自然化为可居的处所，即是在自然风景中建立生活世界的秩序。对于张鹏举在内蒙古的建筑实践而言，这是一个持续的命题，并因持续性的推进而使其实践突显于当代建筑师群体。文章从环境的地质自然属性切入，对其实践中事关场地、材料、空间等基本问题的理念与策略展开探讨。指出其在实践中持续的自我反观，以及在地理区域、实践主题、思考语言等诸多面向对所谓"中心"的警惕，和对"边缘"之潜力的自觉，共同塑造了其建筑实践的独特气质与力度。

关键词：风景；秩序；自然；材料；空间；张鹏举

有年夏天，坐汽车从乌海一路向东到呼和浩特。起始处有黄河与黄土，中间经过沙漠和草原，以及远山，但是大部分的时间都行走在空旷辽阔到单调的荒原上。那种单调与苍茫，塞满了我的窗前。放眼望去，有些草，却并不茂盛；有些起伏，也并不明显。树木在近处，矮矮地但是倔强地支棱在土地上；山在远方，笼罩在黛色之中，并无想象中的雄浑；黄河的水黄黄的，冲刷着黄土，土地因被纵向切开而露出本来面目，在亿万年间积淀下来的地质层叠。土地、河流、山峦、树木，它们在自己的世界里兀自生长与死去，丝毫不顾及人的感受，也与人无关。它们从来便是如此，并且也将一直这么下去（图1、图2）。

我远离了江南的小巧雅致，来到了祖国的北疆。

图 1 自乌海到呼和浩特路边普通而典型的自然　　图 2 内蒙古与山西交接处的黄河与黄土

一、地质自然

对于习惯了城市生活的人们而言，自然是温情的，且往往是被驯养了的一方景观，秀美而引人亲近。但是，自然也是原野，是荒芜，是地质意义上的自然。在远离中国主要城市群的地方，这样的自然仍旧在其本来的含义上存在，也以其本来的面目存在。

这样的自然并不需要被人类去保护，那太居高临下，甚至也不自量力。对待它，人们至多可以去尊重，尊重它自身的存在与运行。在这种尊重中，努力辟出一方天地，营建人类的处所。这种努力意味着对抗。

这是张鹏举几十年来实践的底色，因为这样的自然是他作品的环境，也是他创作的前提。这样，一个根本的问题需要被回答，并且要持续地作答：人如何可以置身于自然？建筑如何帮助人置身于自然？虽然任何一位建筑师都或多或少要面对和回答这样的问题，但是于他而言，这具有核心且持久的意义。

如果这样的自然是广义的风景的话，那么建筑行为的首要任务，并不在于完美地融入风景，相反，是要通过对人力的彰显，为这风景赋予秩序。

经过 20 多年的治理，恩格贝沙漠中长出了绿洲。2015 年完成的内蒙古恩格贝沙漠科学馆，便是为着展示这一治理成果，并进一步向

Zhang Pengju's "Remote Area" Practice

Shi Yonggao

Abstract: To transform nature into a habitable place is to establish the order of the living world in the natural landscape. For Zhang Pengju's architectural practice in Inner Mongolia, this is a constant concern, and the persistent development has made his practice out-standing among his contemporaries. Based on the geological features of the natural environment, this article discusses the concepts and strategies related to basic architectural issues such as site, material and space in his practice. It is pointed out that the continuous self-reflection in his practice, as well as his alertness to the supposed "centre" and awareness of the potentials of the assumed "edge" in aspects such as geographical region, design topics, and language of thought, have jointly shaped the unique temperament and strength of his architectural practice.

Keywords: Landscape, Order, Nature, Material, Space, Zhang Pengju

One summer, I took a car journey from Wuhai all the way east to Hohhot. At the starting point, there was the Yellow River and the yellow earth. In the middle, I passed through deserts, grasslands, and distant mountains, but most of the time was spent traveling through vast and monotonous wilderness. That monotony and vastness filled my window. Looking out, there was some grass, but it wasn't lush; there were some undulations, but they weren't pronounced. Trees stood nearby, short but stubbornly rooted in the land; mountains in the distance were shrouded in dark colors, lacking the imagined grandeur. The Yellow River's water was yellow, eroding the yellow earth, revealing the true face of the land's geological layers that had accumulated over millions of years. The land, rivers, mountains, and trees, they grew and died in their own world, paying no heed to human feelings and having no connection to humans. They have always been this way and will continue to be so (Image 1, Image 2).

I have distanced myself from the delicate elegance of the southern cities and arrived in the northern frontier of our motherland.

I. Geological Nature

For people accustomed to city life, nature is warm and often a domesticated landscape, beautiful and inviting. However, nature is also the wilderness, desolate, and has its geological significance. In places far from China's major urban clusters, such nature still exists in its original sense and with its true appearance.

Such nature does not need to be protected by humans; that would be condescending and even presumptuous. People can, at most, show respect for it, respect its existence and functioning. In this respect, efforts are made to create a space, to construct a place for humanity. This kind of effort implies resistance.

This has been the underlying theme of Zhang Pengju's practice for decades because this kind of nature is the environment of his works and the premise of his creations. Thus, a fundamental question needs to be answered and continuously addressed: How can humans be immersed in nature? How can architecture help people immerse themselves in nature? Although any architect will more or less face and answer such questions, for him, it holds core and enduring significance.

公众传播关于沙漠、沙漠化的知识，使人们能正确、理性地认识并尊重自然规律。纵然周边有地毯一般的人工绿地，在更大的范围来看，它也不改沙漠本色。科学馆本身更是似乎从沙漠中切掏出来的一块领地，直角的几何彰显了人的存在，创造了地质性自然中原本不存在的秩序。作为自然的沙漠是柔动的，均质且无形。那么，建筑与场地中无处不在的直角，则是于自然中进行的区隔，也是对自然的对抗，这是人力之在场的明证（图3）。通常所谓的融入，此时却难免多情且矫情。面对地质自然，人类似乎还不是很自信能够去雍容地面对。从对抗的关系中来建立自我，才是建筑（师）此时首要的任务。这是一个确立自我的过程，确立的方式正在于创造，从自然中创造原本并不存在的秩序。通过这种秩序，人们实现在沙漠与草原——那种荒原意义上的自然——中的定向与定位。

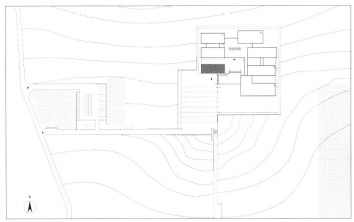

图3 内蒙古恩格贝沙漠科学馆总图

在更大的范围来看，这种定位首先源自天空与大地的分离，源自在无限远处二者相接的那根地平线。直到电报发明与无线电波传送出现之前，地平线一直代表着人类通信与相见所能及的最远距离，这使得人们与可见地平线之间的距离甚为重要，更别说由它而来的对于大地与天空的想象。而恩格贝不是海面，也并非纯然的草原，地平线常常为物体所遮挡。作为替代，科学馆强烈的水平性唤起了人们对遥远地平线的想象。这是一种建筑的描画，是一种肯定的自然秩序。

建筑的水平性一方面让连绵的青山退到远方，同时却又凸显了青山的存在。甚至正是因为建筑水平性的存在，青山方才显现——以一种前所未有的方式来显现。这种人力之下的肯定姿态，既对比于北边起伏的青山，也差异于其南绵延的沙漠（图4）。

图4 内蒙古恩格贝沙漠科学馆远景

其实，这种通过对比而来的彰显，是一种朴素的道理，亦是特定地域中所累积的经验。也是在从乌海去呼和浩特的路上，常会见到群山之中的住家，一样的水平线条，切分了背后连绵的山峦，只是更多了明晃晃的白色，突显在青山的背景之前，宣示着人在自然中的领域。那种人造物的简单与壮观，是回应地质自然时必需的力量。也唯有这种静穆与单纯，方能帮助在地质自然中塑造人的生存，并获得生存的尊严。

直角与水平性的共同作用之下，正面性常常被不经意地赋予建筑。在广袤的原野中，墙体们层叠展开，与林木、水池、踏步、坡道，共同构成了行进的深度，一种因为不断被遮蔽和显现而夸张了的深度（图5）。它并以或暗示或直白的方式，由场地一直延伸至室内。这几乎是一座墙体的建筑。墙体联系了内外，更限定了内部，形成寒冷荒漠中的内向性空间。建筑以其被夸张了的人工性，在地质自然中建立自己的位置。

图5 内蒙古恩格贝沙漠科学馆近景

以人之"置身"来思考，自然其实也可以不仅仅是原野，它就是世界。人委身于此的那个世界，大地与天空之间的那个世界，由各种关系去定义而成的那个世界。

If such nature is broadly defined as landscapes, then the primary task of architectural action is not to seamlessly blend into the landscape; on the contrary, it is to impart order to the landscape through the display of human labor.

After more than 20 years of controlling, an oasis has appeared in the Engebei Desert. The Inner Mongolia Engebei Desert Science Museum, completed in 2015, aims to showcase the achievements of this controlling and further disseminate knowledge about deserts and desertification to the public, enabling people to have a correct and rational understanding of and respect for natural laws. Even though there are artificial green spaces like carpets around it, on a larger scale, it does not change the essence of the desert. The museum itself seems to be a piece of territory cut out of the desert, with its right angles highlighting human presence and creating an order that originally did not exist in the geological nature. The desert as nature is soft, homogeneous, and formless. In contrast, the ubiquitous right angles in architecture and on the site are a segregation within nature and a confrontation with nature, serving as evidence of human presence (Image 3). What is commonly referred to as integration becomes sentimental and affected in this context. When facing geological nature, humans seem to lack the confidence to face it gracefully. Building self-confidence through an antagonistic relationship is the primary task of architecture and architects at this time. It is a process of self-establishment, and the way to establish it lies in creation, creating an order that originally does not exist in nature. Through this order, people achieve orientation and positioning in the desert and grassland—the wilderness in its geological sense.

On a larger scale, this positioning first stems from the separation of the sky and the earth, from the horizon where they meet in the far distance. Until the invention of telegraphy and the emergence of radio waves, the horizon has always represented the farthest distance reachable for human communication and encounter. This makes the distance between people and the visible horizon significant, not to mention the imagination of the earth and the sky that comes from it. However, Engbei is not the sea, nor is it purely grassland; the horizon is often obstructed by objects. As an alternative, the strong horizontality of the science museum evokes people's imagination of the distant horizon. It is a depiction of architecture, an affirmation of natural order.

On one hand, the horizontality of the architecture causes the continuous green mountains to recede into the distance, while at the same time, it highlights the existence of the mountains. It is precisely because of the presence of architectural horizontality that the green mountains manifest themselves in an unprecedented way. This affirmative posture under human influence contrasts with the undulating green mountains to the north and differs from the vast desert extending to the south (Image 4).

In fact, this manifestation through contrast is a simple truth and an accumulated experience in a specific region. It is also something often seen on the road from Wuhai to Hohhot, where houses can be found among the mountains, with the same horizontal lines cutting through the continuous mountain ranges. The only difference is the glaring white color that stands out against the backdrop of green mountains, declaring the domain of humans in nature. The simplicity and grandeur of these man-made structures are the necessary forces in response to geological nature. Only through this tranquility and simplicity can human existence be shaped in geological nature and obtain the dignity of survival.

Under the combined influence of right angles and horizontality, a sense of positivity is often inadvertently bestowed upon architecture. In the vast wilderness, the walls unfold in layers, together with trees, water pools, steps, and ramps, creating a sense of depth in movement, an exaggerated depth that is constantly concealed and revealed (Image 5). It extends from the site to the interior in both implicit and explicit ways. It is almost a wall-based architecture. The walls connect the inside and outside, further defining the interior and creating introverted spaces in the cold desert. With its exaggerated artificiality, architecture establishes its position within geological nature.

By contemplating human "presence", it is possible to consider that nature is not merely a wilderness; it is the world itself. The world in which humans immerse themselves, the world between the earth and the sky, is a world defined by various relationships.

2. The importance of Reality
In this world, architecture needs to differentiate between interior and exterior, using tangible materials to establish this distinction.

二、真实之重

在这个世界中，建筑要区隔内外，以实实在在的材料来区隔内外。

张鹏举说，他喜欢用"真实的材料"。何谓"真实"，对张鹏举而言，这个复杂的概念有着非常明确而直接的指向，就是重量感。那种材料之重是能够被感受到的，甚至是一目了然、直截了当的。真实的材料，是那种厚重得能够让人在严酷的自然中因为被保护而感到安心的材料。对于这种材料的喜好，应该是他在自小生活的北方的农村里，面对自然的挑战而来的不需辩解的偏好，也是他对于真实的一种特定理解。

在他的作品中，有大量的各种砖制品和混凝土制品，这种一个世纪前已经通行的组合在他这里获得了新的生命。在与生俱来的偏好以外，选择砖和混凝土更有着对气候、原料、工艺等诸多方面的综合考虑。他大量地使用了烧结砖和煤渣砖，事实上一旦有可能，他都会使用（图6）。这些材料因土而生，与土地有着自然的亲近。更准确地说，它们自矿物废料而来，自地表深处而来。建筑师的材料偏爱，不仅与我们熟知的那个可亲可爱的自然有着情感上的牵连，还在地质意义上对自然表达了敬意。

图6 内蒙古师范大学艺术楼外墙局部　　　图7 黄河水利枢纽展示中心与黄河鱼类增殖站

内蒙古地区有很多矿产，对矿渣废料的再利用，一方面是设计意义上对地方资源与条件的善加利用，同时也是对环境和资源的保护。更广泛而言，对"重"的材料的选择，固然有建筑师自小养就的对抗自然的本能意识，以及由此而来的美学上的不自觉偏爱，而其中自觉的环境意识，则明证了建筑师对待自然时的伦理维度。

重的材料凸显了建筑的体量与块面。它刻画了光影，同时又被光阴所"刻画"。日光流转，每一个时刻都为粗粝的材料接收与弹射，进而投下它的明暗与痕迹，记录下时刻的变化。而经年累月，材料在光阴中逐渐老去，甚至被溶解，滴注到环境，也同时吸纳周围的空气与颗粒。在与环境的共生中，它们被罩上了一层浑然的底色。同为时间，

光影与光阴以不同的尺度，共同量度着自然。材料也因浸润了时间，不再仅仅是知觉上的"重"，而是变得"厚重"（图7、图8）。

图8 乌海青少年活动中心局部

这些材料不仅有知觉上的重量，而且事实上也很坚硬，承担得起结构的作用。结构之重超越了知觉层面，所谓"真实"也有了更为实在的基础。如果说材料的知觉之重传达了对自然的抵御与抗拒，且并不拒绝饰面的"虚构"，结构之重则还在一定程度上规定了空间的形式。于是在严格且易为识别的几何关系之外，空间与结构间的紧密还进一步赋予他的建筑以更为底层的秩序。这种结构与空间的秩序契合是他几乎所有作品的共同基调，而在新近落成的呼和浩特马鬃山滑雪场接待中心，它更是进一步延伸到对场地的塑造。体量、几何、结构、空间，几乎是同一的，彼此强化着场地的秩序（图9）。

图9 呼和浩特马鬃山滑雪场接待中心

在时间中，这种物之真实被消解；也是在时间中，我们方知真实之虚妄。而相对于生活世界，物自身的真实更是无法穷究，甚至也不值得追问。事实上，材料的"真实"有时恰恰需要被遮蔽，唯此，物才能够成为人之物，成为其自身的"另一个"。所谓物之真实，除了起到"支架"的作用，并无其他意义。呼和浩特大召前的舞者，在特殊的日子里要戴上面具，穿上特定服装，随大号、海螺、大镲等乐器的伴奏而起舞，庄严、神幻、迷离。真实的、物质的肉身，

Zhang Pengju has mentioned his preference for "real materials". What does "real" mean? For Zhang Pengju, this complex concept has a very clear and direct reference, which is the sense of weight. The weight of such materials can be felt, even evident and straightforward. Real materials are those that are substantial enough to provide a sense of security and protection in harsh natural environments. His affinity for these materials should be seen as an inherent preference that emerged from his upbringing in the rural areas of the northern region, where he faced the challenges of nature without the need for justification. It represents a specific understanding of reality.

In his works, there is a large variety of brick and concrete products, a combination that has been prevalent for over a century but gains new life in his hands. Apart from his inherent preference, the choice of bricks and concrete involves comprehensive considerations such as climate, raw materials, and craftsmanship. He extensively uses fired bricks and coal ash bricks, and whenever possible, he opts for them (Image 6). These materials originate from the earth, demonstrating a natural affinity with the land. More precisely, they come from mineral waste and the depths of the earth's surface. The architect's preference for these materials not only reflects an emotional connection to the familiar and endearing nature but also pays geological homage to nature's significance.

The Inner Mongolia region is rich in mineral resources, and the reuse of mining waste is not only a design significance in utilizing local resources and conditions but also a measure to protect the environment and resources. More broadly, the selection of "heavy" materials reflects the architect's instinctive awareness of confronting nature from an early age and the unconscious aesthetic preference that arises from it. The conscious environmental awareness further demonstrates the architect's ethical dimension in dealing with nature.

Heavy materials highlight the volume and surfaces of the architecture. They depict light and shadow while being shaped by time. With the flow of sunlight, each moment interacts with the coarse materials, casting its brightness and traces, recording the changes of time. Over the years, materials gradually age in the passage of time, even dissolve and drip into the environment, simultaneously absorbing the surrounding air and particles. Through symbiosis with the environment, they acquire a natural patina. Light, shadow, and time, as different scales, jointly measure nature. The materials, soaked in time, no longer merely possess a perceptual "weight" but become "substantial" (Image 7, Image 8).

These materials not only possess a perceptual weight but are also factually hard and capable of bearing structural functions. The weight of the structure goes beyond the perceptual level, providing a more substantial foundation for the concept of "reality". If the perceptual weight of materials conveys resistance and opposition to nature, while not rejecting the "fiction" of surface finishes, the weight of the structure also to some extent dictates the form of the space. Beyond strict and recognizable geometric relationships, the close integration of space and structure further endows his architecture with a more fundamental order. This alignment of structure and spatial order is a common theme in almost all of his works, and in the recently completed Hohhot Mazongshan Ski Resort Reception Centre, it extends even further to shape the site. Volume, geometry, structure, and space are almost indistinguishable, reinforcing the order of the site (Image 9).

In the passage of time, the reality of objects is dissolved, and it is through time that we come to understand the illusory nature of reality. In comparison to the world of living beings, the inherent reality of objects is elusive and not worth pursuing. In fact, the "reality" of materials sometimes needs to be concealed, as it is through this concealment that objects can become human artifacts, becoming "something else" in their own right. The so-called reality of objects, apart from serving as a "framework", holds no other significance. The dancers in front of the Dazhao in Hohhot, on special occasions, wear masks and specific costumes, accompanied by instruments such as trumpets, conches, and large cymbals, dancing in a solemn, mystical, and enigmatic manner. The real, tangible bodies at this moment are nothing more than a "framework", with the purpose of reaching that "something else" (Image 10). Even if reality is not completely abandoned, it is at least suppressed. In theatrical and religious ceremonies, this is a common occurrence.

This "something else", although often regarded as pointing to a symbolic or even transcendental world, can also refer to the everyday world of life that is not so distant from people.

此时不过是一个"支架",为的是到达那"另一个"(图10)。真实即便不是被放弃,至少也要被压制。在戏剧和宗教仪式中,这是平常不过的事情。

图10 呼和浩特大召门前查玛舞场景

图11 席力图召大经堂室内

这"另一个",虽然常常被认为指向一个象征的甚至是彼岸的世界,但同样也可以是距离人们不那么遥远的日常的生活世界。

三、生活世界

建筑扮演着双重角色,它把人从恶劣的自然中保护出来,但又仍然努力让人"似乎"与自然紧密相连。说是"似乎",因为被双层中空玻璃所区隔的自然,已经是被驯化了的自然。那不是自然,那是自然之像。那不是与自然的连接,而只是对自然的"观赏"。

这也恰恰表明建筑的自然都并非纯然的自然,而是被人工化了的自然。姑且不论对自然的改造,即便只是注视,也已为自然注入人工的色彩。但这是面向生活世界的必然要求。而地质自然与面向生活世界之间的反差,在有些地区因气候的严酷而尤其被彰显。

当建筑师以厚重的材料从自然中挖切出一方天地,它是幽暗的,但也是温暖的。光明是稀缺之物,少许的光亮甚至刺眼。这在今日的宗教场所中仍然得以保持:器物的华美被尽情展现,光亮的层次也被仔细分辨。因为暗,于是有了光亮的层级(图11)。及至技术的可能以及材料的发展提供了无限多的光亮,人们却也自此忘却了幽明。我们已无从分辨,究竟多少光亮才是被真正需要的,因为我们的需要已然被技术的可能所定义。

这种对光亮的盲信与滥用,在张鹏举的建筑中并不存在。相反,无论是空间的流动还是光线的流入,都是节制的。就此而言,即便不以古典特质来描述,他延续的也是20世纪中期以来对早期现代主义的修正与校准。

或许部分出于对厚重材料的偏爱,他的空间——它承纳了生活世界——似乎都是被型塑出来的,甚至是被挤压出来的。空间的质量中,有着一种艰难,那种艰难来自空间与实体的纠缠和搏斗。空间是被重重地刻画与限定了的。限定,并非说空间没有自由,而是说即便是那种自由,也是被仔细定义,并且是被结构性地定义了的(图12)。正因如此,他的空间有一种少见的准确,那种不浪费、不亵玩、不轻慢的准确。

图12 黄河水利枢纽展示中心与黄河鱼类增殖站平面

乍看上去,这种空间的准确似乎完全源自砌筑类建筑的结构规限,其实并不尽然。毋宁说,这种准确首先源自对空间秩序的塑造,而这种秩序又被结构所支撑。至于自由与光亮的具体程度——正是它们赋予生活世界以质感,则完全视乎建筑承纳的具体生活。与黄河水利枢纽展示中心和黄河鱼类增殖站的紧凑甚至是封闭不同,内蒙古师范大学雕塑艺术楼的公共空间,则得益于框架结构而自由流动,且被自然光线所充盈(图13)。这种秩序的差异源自生活世界的具体与生动,参与塑造的不仅是材料与结构,而且也是植物、光线、尺度。空间的准确在不同系统间游走,它并不局限于纯粹的室内,室外亦然。只是与室内相比,更多的要素参与了这种准确性的塑造,亦回应了更为多样可能的行为。植物在四季中生长,光线在晨昏间变化,为植物与光线所充盈的空间,在准确的同时,又有了更多的层级间的松动与交叠(图14)。

空间承载了具体的生活,材料则加入了对生活的塑造,使其更为贴切与具体。这种生活世界固然有基于不同文化习惯而来的模式,从而在一定程度上超越了个人的具体生活样态与习性。它同样会在微观层面,反映日常行为的支撑。正是在微观层面,它不再有"文化"

3. The World of Everyday Life

Architecture plays a dual role. It protects people from harsh nature, yet it also strives to make people "seemingly" closely connected to nature. I say "seemingly" because the nature separated by double-layered insulated glass is already tamed nature. It is not true nature; it is the image of nature. It is not a connection with nature; it is merely "admiration" of nature.

This also precisely indicates that the nature in architecture is not purely natural but rather artificialized nature. Regardless of the transformation of nature, even just through observation, artificial colors are injected into nature. However, this is an inevitable requirement for the world of everyday life. The contrast between geological nature and the world of everyday life is particularly pronounced in some areas due to the harsh climate.

When architects carve out a realm from nature using heavy materials, it is dim but also warm. Light is scarce, and even a small amount of brightness can be dazzling. This is still preserved in today's religious places: the splendor of objects is fully displayed, and the levels of brightness are carefully distinguished. Because of the darkness, there are levels of brightness (Image 11). With the possibilities of technology and the development of materials providing an infinite amount of brightness, we have forgotten the distinction between light and dark. We no longer know how much brightness is truly needed because our needs have already been defined by the possibilities of technology.

The blind faith in and excessive use of brightness are absent in Zhang Pengju's architecture. On the contrary, whether it is the flow of space or the influx of light, it is restrained. In this regard, even if we do not describe it in classical terms, what he continues is the correction and calibration of early modernism since the mid-20th century.

Perhaps partially due to his preference for heavy materials, his spaces——which encompass the world of everyday life——seem to be molded, even squeezed out. Within the quality of space, there is a certain difficulty that arises from the entanglement and struggle between space and solid entities. Space is heavily delineated and delimited. Delimitation does not mean that space lacks freedom; rather, it means that even that freedom is carefully defined and structurally defined

(Image 12). It is precisely because of this that his spaces possess a rare accuracy, an accuracy that is not wasteful, frivolous, or casual.

At first glance, the accuracy of this type of space seems to stem entirely from the structural constraints of masonry architecture, but that is not entirely the case. Rather, this accuracy primarily arises from the shaping of spatial order, which is in turn supported by the structure. As for the specific degree of freedom and brightness——which give texture to the world of everyday life——it depends entirely on the specific life embraced by the architecture. In contrast to the compactness or even enclosure of the Yellow River Water Conservancy Hub Exhibition Centre and Yellow River Fish Breeding Station, the public spaces of Inner Mongolia Normal University Sculpture Art Building benefit from a framework structure that allows for free flow and is filled with natural light (Image 13). The differences in this order stem from the specificity and vitality of the living world, which involve not only materials and structures but also plants, light, and scale. The accuracy of space traverses different systems and is not limited to purely interior spaces; it also extends outdoors. However, compared to the interior, more elements contribute to shaping this accuracy, responding to a greater variety of potential behaviors. Plants grow throughout the seasons, and light changes between dawn and dusk, creating spaces filled with plants and light that, while accurate, also possess more looseness and overlap between levels (Image 14).

Space carries specific life, while materials contribute to shaping life, making it more fitting and concrete. This living world is undoubtedly based on patterns derived from different cultural habits, thus transcending individual specific lifestyles and habits to some extent. At the micro level, it also reflects the support of everyday behaviors. It is at the micro level that it no longer carries the burden of "culture" and returns to basic behaviors and modes such as dining, studying, gathering, as well as the imagination and aspirations for space that arise from them.

In a youth activity centre in Wuhai, which was transformed from an old factory, this spatial diversity is evident: from ceremonial to more everyday; from public and open to private and dimly lit. The craftsmanship is reflected in the precise grasp of usage. Even in an ordinary reading area, through the control of natural

图 13 内蒙古师范大学雕塑艺术楼中庭

的重负，回归到就餐、读书、聚会等基本的行为与方式，以及由此而来的对于空间的想象与希求。

在乌海一个由旧厂房改造成的青少年活动中心，充满了这种空间的差异：从仪式性的，到更为日常的；从公共而开放的，到那些私密而幽暗的。熨帖则体现在对使用的准确把握中，即便是一个普通的阅读处，也在既有结构的规限下，通过对不同方向来源的自然光线的把握，以及对其不同尺度容量的控制，创造了一个轻松而不事声张的处所。

图 14 内蒙古工业大学建筑系一期和二期连接处的庭院　　图 15 乌海青少年活动中心室内

在这小小的一方天地，超常的尺度被弥漫的光线所强化，竟然有了一种漂浮的况味。同一种材料的环绕，连贯了视觉所及的空间。一道浅浅的白色，又让阅读从整体中被区隔，并刻画了它的宁静（图15）。秩序隐没于空间的使用，但又展现在从幽暗到明亮的梯级中。对原有结构的尊重，以及创造性的改造，不仅建立了整体的架构，也为光线留下了通道，还为空间提供了强力而实在的支撑。材料与结构，以及它们的秩序，既在但也不完全在。于是，它们既让生活有所依着，也让生活在此能够喘息。

这些被准确定义的空间，几乎是黏稠的，也是一种被迟滞了的空间。它们面向具体的生活世界，不仅因此有了质感，而且有了重量。建筑师早年对藏传佛教寺庙的研究，似乎在潜意识间逐渐泛起。

四、万物风景
边地的景观不同于通常的景观。它是风景。

风景这一概念在汉语中已经太习以为常，以至于我们不再去分辨它的含义，也忘了它二字组成结构中的细致。风是气，景乃光，二者共同指向自然界的环围属性。所谓环围，意指对身体的包裹，所以即便闭上眼睛，你仍然可以用全部的身体去体味风景。在此意义上，"风景"区别于立于人之对面的"景观"。虽然因为"风"的缘故，自然意义上的风景后来延伸至风土与风俗，情感与文化，甚至是教化，但其基本与原真的含义仍然保留在"风景"这一概念之中。

天地交合，一地自有一地的风景。面对地质自然，我们得以回到那尚未被教化的风景。风景包裹着人，充盈了世界。由此，它与外在的自然以及我们的生活世界都有了更为深切的关联。这样，在通常的看与被看以外，建筑如何物质性地与环境相牵连，如何在建筑与环境的动态交互中去成全自身，就成为风景的底层含义。并且，它甚至不必局限于外部的自然，而是也包括了人在这个世界中的存在。在这个意义上，万物皆是风景。

位于山坳里的内蒙古多伦青少年生态教育基地展示厅，轻轻匍匐于山坡之上，在隐没与呈现之间挣扎、拿捏。如土地和枯草一般颜色的墙体，自山谷中升起，挡住了来自西北的寒风，并且和细密的钢柱一道，撑起漂浮的薄顶。这薄顶巨大而平直，在向阳的山坡上依山下行，接纳自然阳光的馈赠，并以其对人工力量的彰显，睥睨周遭一切的琐屑，在荒原中确立起建筑的"身份"（图16-a）。风与光，规定了建筑的总体姿态。

与此相对的是，对土地的处理却极尽细腻之能事。接近建筑的路线之铺陈，内外台地之起伏，行进升降之缓疾，似乎都是在一个看不见的身体的引导下，窸窸窣窣地贴地前行。这样，在加入对总体环境景观的塑造的同时，贴近土地的与远离土地的，恰成对照。为天空而存在的，与为土地而存在的，本就当有不同的样貌。细密的圆柱涂成灰绿，似乎在唤起对于外部的记忆与想象。高高低低的平台，恰是对原始场地的恢复——它刚刚才被笔直的钢柱打断，并被巨大

light from different directions and the control of its varying scale and capacity within the limitations of the existing structure, a relaxed and unassuming place is created.

In this small corner of the world, the extraordinary scale is intensified by the permeating light, giving it a floating quality. The surrounding of the same material connects the visually perceivable space. A shallow white color separates reading from the overall space and delineates its tranquility (Image 15). The order is concealed in the use of space but is also revealed in the gradual transition from darkness to brightness. The respect for the original structure, as well as creative transformations, not only establish the overall framework but also leave channels for light and provide strong and tangible support for the space. Materials and structures, and their order, are present but not entirely dominant. Thus, they provide both a foundation for life and a place for life to breathe.

These precisely defined spaces are almost viscous and have a sense of sluggishness. They face the concrete living world, gaining not only texture but also weight as a result. The architect's earlier studies of Tibetan Buddhist temples seem to gradually emerge in the subconscious.

4. The Scenery of All Things

The landscape of border areas differs from the usual landscape. It is scenery.

The concept of "scenery" has become so familiar in the Chinese language that we no longer differentiate its meaning and have forgotten the intricacies of its composition. "Wind" represents air, and "Scenery" light, together pointing to the surrounding attributes of the natural world. Surrounding implies envelopment of the body, so even with closed eyes, you can still experience the scenery with your entire body. In this sense, "scenery" differs from "landscape" that stands opposite to humans. Although, due to the association with "Wind", the natural meaning of scenery extends to include local customs, emotions, culture, and even enlightenment, its fundamental and genuine meaning remains embedded in the concept of "scenery".

When heaven and earth meet, each place has its own scenery. Faced with geological nature, we can return to the unenlightened scenery. Scenery envelops people and fills the world. As a result, it has a deeper connection with the external nature and our living world. Therefore, beyond the act of seeing and being seen, how architecture materially interacts with the environment, how it fulfills itself in the dynamic interaction between architecture and the environment, becomes the underlying meaning of scenery. Moreover, it does not have to be limited to the external natural environment; it also includes the presence of humans in this world. In this sense, all things are scenery.

The exhibition hall of Inner Mongolia Duolun Youth Ecological Education Base, located in a mountain hollow, gently sprawls on the slope, struggling and balancing between concealment and presentation. The earth-colored walls, like the land and withered grass, rise from the valley, blocking the cold wind from the northwest. Together with the slender steel columns, they support the floating thin roof. This immense and flat roof, descending along the sunny slope, embraces the natural sunlight and, through its manifestation of human power, overlooks all the trivialities around it, establishing the "identity" of the architecture in the wilderness (Image 16-a). Wind and light define the overall posture of the building.

In contrast, the treatment of the land is done with utmost delicacy. The layout of the routes near the building, the undulations of the internal and external platforms, the gradual changes in walking and ascending, all seem to be guided by an unseen body, moving close to the ground with a rustling sound. In this way, while contributing to the shaping of the overall environmental landscape, the proximity and distance from the land form a perfect contrast. Those elements that exist for the sky and those that exist for the land naturally have different appearances. The delicate cylindrical structures painted in grayish-green seem to evoke memories and imagination of the outside. The varying heights of the platforms are precisely the restoration of the original site——it was just interrupted by straight steel columns and covered by a massive roof without hesitation (Image 16-b). And all those ramps, steps, railings, low stone walls, small eaves, openings, gravel ground, and the remnants of the original topography create a world of their own, a world for human existence (Image 16-c). Although the exhibits have not yet been arranged, one can already envision joyful figures wandering and playing among the columns. This is a space created for youth, as well as an artificial representation of the geological nature. People

的屋顶不由分说地遮蔽（图 16-b）。而所有那些近人的坡道、踏步、栏杆、毛石矮墙、小小的披檐、洞口、砂石的铺地、原始地貌的遗留，琳琅满目，自成世界，一个为人而在的世界（图 16-c）。展物尚未铺陈，但似乎已经可以看到一个个欢快的身影，在柱间游走嬉戏。这是为少年创造的空间，也是对地质自然的人工再现。人在自然中，同时自然也被带入人工世界。

图 16-a 内蒙古多伦青少年生态教育基地展示厅外部　图 16-b 内蒙古多伦青少年生态教育基地展示厅室内

图 16-c 内蒙古多伦青少年生态教育基地展示厅——屋顶与"土地"的对照

风景不仅仅在自然中，它同样在城市中，并且表现出与人工之间更大的张力。内蒙古工大设计院的办公楼是一座北方城市中再普通不过的建筑，但是面向城市的转角处的场地下沉，带来了与城市特别的关系。因着下沉，而有了与喧嚣的疏离。因着这疏离，则又有了一座横架的桥，连接起城市与建筑。下沉的广场在城市的平坦中塑造出台地，迎纳了"风""光"，支撑起多样的户外活动。桥，则在通常的交通属性以外，使得自城市到建筑的路径恍若一段旅程。在周边台地的注视下，通过桥梁这一再日常不过的行为也变得殊异起来。起步的那个刹那提示了城市与建筑之间的界限，而跨越这一边界，是一个何等重要的事件（图 17-a、图 17-b）。

这一下沉的"光井"并在内部得到了回应。因为场地切角而被挤入 L 形以内的建筑，需要在中间设置中庭，打开天窗。于是，外部来到了内部，既是隐喻的——其尺度与形状的相似，也是实际的——自然"风""光"的进入（图 17-c）。这是一种可以被真切感知和理解的关系：明暗的分别塑造了面向天空的汇聚与中心，半透明的隔

图 17-a 内蒙古工业大学建筑设计院办公楼——由城市到建筑　图 17-b 内蒙古工业大学建筑设计院办公楼——由建筑到城市

断及其上视点高度的透明窗户则在水平方向揭示了内外之间的联通（图 17-d）。在逼仄的城市环境中，建筑师创造了别样的风景，这风景并连接了内外。

位于城市边界的巨大框架，延续了城市界面，并补全了下沉广场，形成一个作为虚空的体量。这并无实际功能意义的构件，却成为城市与建筑之间的中介。它有如多伦青少年生态教育基地展示厅的屋顶，统领着所有的琐细——那些为人而存在的丰富。如果说在多伦的草原中，屋顶是面向天空的回应，这里，框架则是对城市的应答（图 17-b）。

无论在自然还是城市，"风""光"——这原始意义上的风景，都在规限建筑的同时，亦通过建筑的定位和定向，为内外，并在内外之间建立起秩序。这种风景，是土地，是天空，是建筑与天地的关联。它是风雨，也是风物，是一种万物的风景。

作为自然的风景，往往被认为需要去呵护和适应，这是人类在局部地方对自然占据主导地位所产生的焦虑。而在自然仍旧很大程度上可以其地质面貌和意义存在的地方，风景还需要被赋予秩序。这种秩序既是人力对自然的抗争，也是人力对自然的尊重。

图 17-c 内蒙古工业大学建筑设计院办公楼——底层平面

are in nature, and nature is also brought into the artificial world.

Scenery exists not only in nature but also in the city, exhibiting even greater tension between the natural and the artificial. The office building of Inner Mongolia University of Technology Design Institute is an ordinary building in a northern city, but the sunken site at the corner facing the city creates a unique relationship with the urban context. The sunken area brings about a sense of detachment from the hustle and bustle of the city. This detachment is further emphasized by a bridge that spans between the city and the building, going beyond the typical notion of transportation. The sunken plaza shapes a raised platform within the flat urban landscape, embracing the "wind" and "light" and supporting various outdoor activities. The bridge, under the gaze of the surrounding platforms, transforms the seemingly mundane act of crossing into something extraordinary. The moment of stepping onto the bridge highlights the boundary between the city and the building, making the act of crossing this boundary a significant event（Image17-a, Image17-b）.

This sunken "light well" finds its response inside the building. Due to the site's corner shape, the building is pushed inward to form an L-shaped structure, necessitating the creation of an atrium with a skylight in the middle. As a result, the external elements penetrate into the interior space, serving both as a metaphorical representation——reflected in the similarity of scale and shape——and a practical integration of natural "wind" and "light"（Image 17-c）. This relationship can be perceptibly experienced and understood: the play of light and shadow shapes the convergence and focal points towards the sky, while semi-transparent partitions and the transparency of windows at elevated viewing points horizontally reveal the connection between the interior and the exterior（Image 17-d）. In the constrained urban environment, the architects have created a unique scenery that connects the interior and the exterior.

The massive framework located at the urban boundary continues the urban interface and completes the sunken plaza, forming a void-like volume. Although it serves no functional purpose, it becomes an intermediary between the city and the building. It is akin to the roof of the Duolun Youth Ecological Education Base Exhibition Hall, overseeing all the details——those enrichments that exist for human presence. If the roof

in the grasslands of Duolun responds to the sky, here, the framework responds to the city（Image 17-b）.

Whether in nature or in the city, "wind" and "light" —— the primitive essence of scenery——constrain and order the architecture through its positioning and orientation, establishing connections between the interior and the exterior. This type of scenery represents the land, the sky, and the relationship between architecture and the world. It encompasses the winds and rains, the elements of the landscape, and encompasses the scenery of all things.

As a natural scenery, it is often believed that it needs to be nurtured and adapted to, stemming from the anxiety that humans dominate nature in certain places. However, in areas where nature still largely retains its geological landscape and significance, scenery needs to be imbued with order. This order represents both human resistance against nature and respect for nature.

5. Edge and Centre
The remote area is a unique condition for practice. I have no intention of perpetuating deterministic descriptions based on geography, but it is appropriate to remind us of the importance of the environment. For a long time, this geographical and even geological environment has become marginalized in architecture. Awakening this awareness is the significant value of remote area practice and the potential insights it leaves us.

The essence of the environment lies in the land, and both construction and architecture are fundamental issues in architecture, inseparable from each other. However, for a long time, these core issues have been marginalized. Zhang Pengju's remote area practice brings them back to the centre, shaping the order of the landscape through construction rather than simply blending into nature without distinction. His edge practice suggests a more primal and forgotten possibility while showcasing different aspects under new conditions.

Zhang Pengju has his own understanding of these themes. They are deeply rooted in long-standing practice but also stem from his introspection into the conscious or unconscious caution of the Chinese language. In an era of internationalization, his thinking is not influenced or solidified

图 17-d 内蒙古工业大学建筑设计院办公楼——内部中庭及其周边办公空间

五、边缘中心

边地是独特的实践条件。我当然无意去延续地理决定论的描述，但是，以此去提醒环境的重要性则是恰当的。因为在很长时间里，这种地理甚至是地质意义上的环境，在建筑学中已经变得边缘。唤醒这种注意，是边地实践的重要价值，也是这种实践留给我们的可能启示。

环境的根本在于土地，它与建造都是建筑学的核心问题，并且二者不可分离。然而，在很长的时间里，这样的核心问题却被边缘化了。张鹏举的边地实践把沦为边缘的它们，再次带回中心。以建造来塑造风景的秩序，而非不加区分地隐没自己，去便利地"融入"自然。他的边地实践提示了一种更为原初的、已经渐被遗忘的可能，但又在新的条件下展示了不同的面貌。

对于这些主题，张鹏举有自己的理解。它们固然植根于长久的实践，但也源自他在反观中对汉语言自觉或不自觉的谨慎。在一个国际化的时代，他的思维没有被国际风行的学术概念所左右，甚或固化，而是仍以相对本真的汉语来反观自我对设计的理解。在一次报告中，他提出了几组有趣的概念："风格"与"性格"之间的关联，"表皮"与"表情"之间的差别，"光影"与"光阴"的不同尺度，以及"场景"对"场所"某种程度上的针对性批判。这样几组词，虽然不一定完美对应，甚至乍看上去会有些拼贴，然而在汉语语境中直接去面对它们，却又提示了一些非常特别的内容。既然在汉语中，这些概念分别共享了一半的字，那么二者之间定有某种内在的连接，尽管平时或许不被注意。

虽然在语言上如此敏锐，但他几乎是一位沉默的建筑师。偶尔发声，也是没有修饰的直白。但这直白又有着巨大的穿透力，直入心灵。显然，他对自己的实践有着持续而深入的反观。我们都在国际化的

裹挟中，无论是地域、思考，还是语言。在这种情况下，要回答类似"我是谁""我在哪里"的问题，尤其需要艰难的努力。语言当然不是建筑师的全部，更非其实践的主要领域。但是，语言是思考，是认识的方式。它同样是建筑师立足的地方，是他成为自己的必然甚至唯一的途径。

他自觉地保持着一种"边缘"状态，不仅仅是这些实践的主题以及思考的语言。他的工作中总有一种"笨拙"，那是持久的认真，对自己认真，每一个作品都是一场以实践来进行的艰难思考。那是对便利的抵抗，也是建筑师人之为人的尊严。

在边地的长久实践，给了他以本能与直觉去关注土地的机会，也给了他坚持朴素命题的可能。这种边地实践源自他与土地和生活之间贴近而真切的关联，也因而是自然的而非刻意的。他的实践是流淌出来的，是身心的投入。他把这个叫作理性，而我相信，这种理性是实践之后的回观，而非先行的立场。他是幸运的，因为不追风潮的笨拙而幸运，因为不作抱怨的接受而幸运。他不去抗拒条件的局限，也不需拒绝外在的影响，由此保持了一种持久而平和的实践态度，还有一种罕见的诚实。

这些实践中有一些很根本的东西，那是作为地质的自然，是万物当中的风景，也是归于生活的世界。正是这些，使得他的实践虽身处边地，却并不边缘。甚至可以说，他把边地变为了另一种意义上的中心。

注：此文引改自《建筑学报》2023(5):68-73

by popular academic concepts but still reflects a relatively authentic understanding of design through the lens of the Chinese language. In one presentation, he proposed several interesting concepts: the connection between "style" and "character", the difference between "surface" and "expression", the distinct scales of "light and shadow" and "time", and a certain level of criticality of "scene" towards "place". Although these sets of terms may not perfectly correspond and may seem somewhat fragmented at first glance, directly confronting them within the context of the Chinese language reveals some very special content. Since these concepts in Chinese share half of their characters, there must be an inherent connection between them, even if it is often overlooked.

Despite being linguistically perceptive, he is almost a silent architect. When he occasionally speaks, it is straightforward and unadorned. However, this directness possesses tremendous penetrating power that reaches into the soul. Clearly, he has a continuous and profound introspection into his own practice. We are all caught in the envelopment of internationalization, whether in terms of geography, thinking, or language. In such a situation, answering questions like "Who am I？" and "Where am I？" requires particularly arduous effort. Language is certainly not everything for architects, nor is it the main domain of their practice. However, language is a way of thinking and understanding. It is also where architects are grounded, their inevitable and perhaps only path to becoming themselves.

He consciously maintains an "edge" state, not only in the themes of his practice and the language of his thoughts but also in his work. There is always a sense of "awkwardness" in his work, which represents enduring seriousness and his serious attitude towards himself. Every project is a difficult contemplation conducted through practice. It is a resistance to convenience and a manifestation of the architect's dignity as a human being.

Through his long-standing practice in the remote area, he has had the opportunity to pay instinctive and intuitive attention to the land and has the possibility to persist in simple propositions. This remote area practice originates from his close and genuine connection to the land and life, making it natural rather than deliberate. His practice flows out and is a commitment of body and mind. He calls this "rationality", and I believe this rationality is a retrospective view after practice rather than a prior position. He is fortunate because of the awkwardness of not chasing trends and the acceptance without complaint. He does not resist the limitations of conditions nor reject external influences, thus maintaining a persistent and serene attitude towards practice and exhibiting rare honesty.

There are some fundamental things in these practices that are geological in nature, they are the scenery among all things, and they belong to the world of life. It is perhaps these things that make his practice not marginal despite being on the remote area. It can even be said that he has turned the remote area into another kind of centre.

Note: This citation is adapted from Journal of Architecture 2023(5):68–73

研究

Research

适恰生成：从相适到自洽的生成逻辑

摘要：一种地域建筑文化的形成必然存在某种稳定的内生机制。本文认为：建造能力、建造条件和建造需求各有自身的逻辑，它们在曾经时代的自洽就是其中重要的机制。新时代地域建筑创作在强调策略与地域背景相适的前提下更应注重彼此之间的自洽，这构成建筑地域性创作的适宜之道。本文在上述认知的基础上通过对地域建筑项目的设计解析，探究地域建筑多维度生成逻辑的合理性，以及由策略之间形成的协调性到逻辑自洽的过程，同时指出，建造层面的理性逻辑自洽还需与具有底层奠基性的感性逻辑相通恰，唯此才能真正形成稳定持久的新时代地域建筑文化。

关键词：建筑地域性；自洽；多维逻辑；文化传承

Adapting Appropriateness:
The Logic from Adapting Appropriateness to Generating Consistency

Abstract: The formation of a regional architectural culture must have some stable inner mechanism. This paper argues that the construction capabilities, construction conditions and construction needs each has its own logic, and their self-consistency in the past era is one of the important mechanisms. In the new era, the creation of regional architecture should pay more attention to the self-consistency of each other while emphasizing the suitability of strategy and regional background, which constitutes a suitable way for the creation of architectural locality. Based this, the paper explores the rationality of the multidimensional logic of regional architecture through the design analysis of regional architecture projects, and the process from coordination between strategies to logical self-consistency, and points out that the rational logical self-consistency at the construction level should also be connected with logic, so as to truly form a stable and lasting regional architecture culture in the new era.

Keywords: architectural locality, self-consistency, multidimensional logic, cultural inheritance

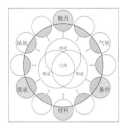 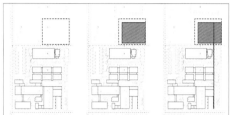

图1 　　　　　　　　　　　　　图2

认识——从相适到自洽

传统意义上，一种具有辨识度的地域建筑是该地域民间在特定地域环境中长期实践，不断试错修正，形成有效营建方法的结果。这种方法是在地域气候、材料资源、建造能力高度适配后的凝练，它同时也高度适配了当时当地人的生产、生活状态，这种适配产生某种稳定的建筑形态和与之相交融的生活状态，从而形成一个地域的建筑文化。

其中，可以看到，一种建筑文化的形成，首先取决于条件、能力和需求的高度适配。在过去，能力有限，需求不多，背景建造条件也相对稳定，故而形态清晰，特色鲜明，文化独特。进一步解析看到，它们之间的适配相对简单，并在一个相对漫长的时间内不断调适完成。而简单直接、演变时间长就必然稳定，稳定成习惯，习惯即成文化。例如，蒙古包作为一种游牧生活的居所，就是条件、能力和需求高度适配的结果（图1）。蒙古包因材致用：使用木棍、羊皮或毛毡作为材料，就地取材；蒙古包因气候利导：形态简洁，弧形轮廓，利于导风疏雪；蒙古包因用而设：圆形在外围最小周长时，围合的使用面积最大，对周围环境压迫最小，适应性最强；蒙古包又因游牧迁徙而造：易建易拆，构件受力均匀，符合结构逻辑与建造逻辑。蒙古包经历千年的漫长生成演变，各维度建造逻辑高度自洽。从另一个角度看，一切文化都是其载体的生存维护系统，能够有效维护其载体生存的就是稳定的文化，蒙古包即是一种建筑文化的有效载体。

若从设计角度看，传统建筑表现为策略与需求、能力，以及气候、材料等建造条件的相适生成。较过去而言，当下建筑创作面对的背景条件或问题十分繁杂，需求多样，而建造能力变得强大许多。我们往往习惯用强大的能力解决一切问题，例如，空调解决了环境温湿度而让体量变得更大；电力解决照明和动力而让建筑变得不用依赖自然；新结构与新材料让建筑形式获得了极大的自由度，等等。于是，科技文化被放大，人文属性相应退失。因而，当代创作呼唤地域属性回归即对科技导致失去人性的回补，并表现为一种永恒的反叛。

当代建筑创作，同时适配繁杂的背景条件、多元的需求，多样的建

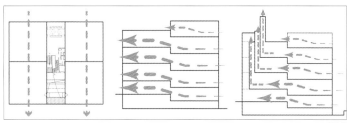
图3

图4　　图5-1

图5-2

造手段，强调完全意义上的生成几无可能。从传统建造中传承建造智慧，深入解析后我们看到，建造策略与各维度逻辑的相适是表象，隐含在内部的各维度逻辑在系统内不发生矛盾才是关键，这在逻辑学上称为自洽。亦即，建筑的地域属性取决于一种多维度生成逻辑后的自洽，如此才能形成一种稳定状态，如蒙古包，其形态是建造能力、生活需求以及适应气候、材料等逻辑高度自洽的结果。

在内蒙古地域从事创作，背景建造条件有其一定特殊性。内蒙古地域，经济基础相对落后、气候条件相对苛刻、地理状况相对复杂，以及文化底蕴相对特殊，决定了其多维度的地域气质，地域文化自成体系且自明。影响内蒙古地域建筑的要素中，环境与气候相对恒定，这决定了不同时期的当代诸多实践有着共同的话题，构成了地域建筑的稳定体系。正如梭罗所言："时代的变迁对于人类存在的基本法则影响甚微。"文化的在地性，使其能够在旧事物之中产生新的事物，适应其所处的气候、环境同时满足当地人的期望，形成特有的文化底蕴，根植于人们意识之中。随着地域建筑文化的传承与发展，这种前后延续的某种特质，又巩固了当地人民对自己已有文化和事物的理性看待，而这种对比能加深集体的归属感和文化认同。

建筑如何回应特定的地域环境，从场地环境、气候、自然条件以及传统文化去思考当代建筑的生成逻辑也正是新地域主义倡导的主要思想，即强调地域建筑的设计不是一味传承外在表象的属性，而应关注内在建筑设计的深层逻辑。正如弗兰普顿在总结"批判的地域主义"倾向的特征时指出，建筑应关注如何回应生成于特定场地的因素，如地形、气候与光的特征，反对存在着一种"普世文明"的趋向，这与地域建筑生成逻辑十分吻合。

基于上述思考，以气候、经济条件出发，寻找与人需求、建造能力、建造资源等的适配，达到各生成逻辑的自洽，正是我们多年创作的经实践认知，表现为从相适到自洽的生成逻辑。

下面的三个实践案例主要从适场地逻辑、适气候逻辑、适材料逻辑

等介绍各自在设计中的思考过程，通过解析，某种程度说明了多维逻辑自洽的可信度与合理性，希望对新时代建筑地域性和地域建筑文化生成的理解有所助益。

实践——多维逻辑的自洽过程

就设计过程而言，强调多维度生成逻辑中对场地的适契、对气候的适应、对材料资源的适宜利用等，都属于理性思考范畴。不同策略之间相互融合，有效解决自身问题又兼顾解决其他问题，各逻辑之间相互叠合与兼顾的融合度，是设计策略选择是否得当的重要判别标准。本文呈现的近期案例，其甄选具有一定代表性：一个建成环境中的建筑，两个不同自然环境中的建筑。虽然三个建筑所在区域的地理、气候、风土等因素存在差异，在实践过程面临的问题也不尽相同，但建筑生成逻辑是相同的。

（1）长于校园里的建筑——内蒙古工业大学建筑创新实验中心设计内蒙古工业大学建筑创新实验中心项目位于内蒙古工业大学新城校区现有建筑馆北侧，属于该馆第三期工程。设计在完成场地各向退线后推定了建筑基底的基本轮廓——一个最大化利用场地的方形平面。外部动线经由建筑馆一期、二期东侧的建筑边线而确定，动线至场地形成三期建筑的入口，由此，建筑创新实验中心在空间上延续了原建筑馆的空间秩序，在北部形成序列的结束，并暗示一条轴线，经此铺陈后还突出了一种仪式感（图2）。

适气候是该建筑设计的重点，某种程度也是设计的切入点。为应对冬季漫长寒冷、夏季酷暑炎热的气候特征，设计从热、冷两个维度同时考量。在设计之初，对场地风环境进行了模拟，近乎正立方体中间区域大面积处于静风压，不利于自然通风，为此，方案在体量内部植入一个上下贯穿的开敞楼梯间作为"中庭"，解决公共空间内部自然通风、采光的需求。两侧实验室空间立足于南北穿堂风，利用错层加强热压来辅助风压，补足了因空间进深大而减弱的穿堂风量。设计进一步采取措施，在南端设置各层独立的通风竖井，利用手动开合竖井阀门来控制通风量，以应对在

图 5-3　　　　　　图 5-4　　　　　　图 5-5

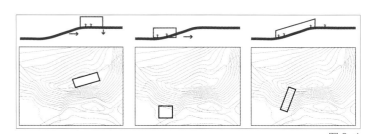

图 6-1

炎热夏季对通风降温的进一步需求（图3）。

适建造和材料逻辑反映在结构形式和表皮材料的选择上。选择钢结构是应对大跨、快速组装和重复利用的综合考量。气候界面选用与之匹配的轻质玻璃幕墙安装系统，设计采取了玻璃内夹多层阳光板的做法，解决保温节能问题。同时，这种夹心保温的玻璃幕，作为外维护结构，透光不透明，在室内形成漫反射效果，对于大进深的实验室空间，形成稳定、均质的自然光照，也为实验空间创造了安静的环境。上述分而叙述之的适场地、气候、材料的生成逻辑不是各自独立的，而是兼顾了彼此（图4）。可以看出，它们相辅相成，各自相适又彼此关联。例如，玻璃幕的轻质适配了结构，夹芯做法适配了保温，反射适配了内部光照。又如，东南角设入口既适配场地动线又形成气候微环境，等等。亦即，这些逻辑彼此自洽（图5）。

（2）贴于沙地上的建筑——蒙京津冀青少年生态基地科普馆设计
蒙京津冀青少年生态基地科普馆项目位于内蒙古多伦县西北方向，建于一处治理初见成效的丘陵状沙地中。设计从场地出发导出建筑的具体选址——在同样需要固沙护坡的前提下，将建筑置于坡上，有效规避了坡顶、坡下两种选址要么冬季受寒风影响，要么雨季容易被洪水与泥沙淹没的缺陷（图6-1）。

适气候策略的选择仍然是这个项目的设计重点。除冬季漫长寒冷、夏季短暂炎热外，这里尚有风大沙多雨少的气候特征。首先，建筑位于平缓阳坡是对气候最大的回应，其次，在立面的处理上，东南面开大窗，冬季太阳高度角小，光线可以直达室内，反之，夏季太

阳高度角大，通过东南向出檐遮挡阳光，在西北面选择小孔洞的高侧窗，形成大面积实墙，以应对寒风和流沙（图6-2、图7）。

适建造逻辑表现在结构形式与基地沙坡的关系处理上（图8）。采用条形基础综合考量了固沙、减荷和处理高差等问题，其上立细径的密钢柱分散屋顶荷载，确保条基不过度扰动沙坡的稳定。对于维护结构，西北侧的外墙采用场地土添加胶凝物形成混合的材料夯建而成，因其与沙土衔接，从地面延续到立面形成一种根植于自然的场景；在东南面，木材的使用与冬日枯草相融合，同时木材质软色暖，增加檐下空间，适于驻留的温暖感（图9）。

设计中，适气候与适场地对本项目同等重要，它们相互关联共同成为结构逻辑的前因。可以看出，每个单一策略在与背景条件相适的过程中，都关联了彼此。例如，条形基础、细密钢柱是适应沙地的自然选择，也是内部空间氛围的需求。又如，在建筑入口处连接内外的石筑长墙，挡寒导沙，创造了微气候环境，又借鉴了当地随处可见围墙的砌筑方式，某种程度延续了一种建造文脉。

（3）凿于石坡上的建筑——内蒙古清水河县博物馆设计
清水河县博物馆位于内蒙古清水河县城关镇北坡上，清水河城关镇沿河呈东西长向格局，由于缺少南北方向的结构性联系，县政府决定选址北坡高处，与隔河对岸的文化综合服务中心形成呼应（图10）。为强化这条具有仪式感的路径，设计沿北坡向上开凿一条曲折路径，直达新近修建的北山公园，由此，博物馆被一分为二,分置于路径两侧。设计在适气候方面不同于前两个项目，而是借鉴当地窑洞民居的传

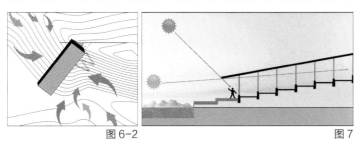

图 6-2　　　　　　　　　　　　　图 7

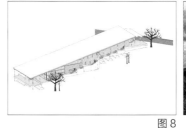

图 8

图 9-1

图 9-2 图 9-3 图 9-4

图 10-1 图 10-2

统，采用覆埋的方式，嵌入沿山体凿开的两侧，形成冬夏稳定的室内环境，适合当地相对温和的气候。建造则大量使用了现场开凿的石材，如同近旁石窑洞，其本身自带环境的固有色彩，令建筑与场地环境有效融合，力求表现一种平实的建筑品相。

在博物馆设计中，适场地、气候、材料的生成逻辑是相融一体的。例如，选择覆埋于山体凿开的两侧是应对场地、气候、材料、建造的综合考量，借鉴场地周围独有的石窑洞营建智慧，使用开凿后的岩石砌筑墙体，因材致用，既是传统建筑文化的再现，又减少了运输能耗和运营能耗。

结语——策略务必真诚，逻辑还需通恰
上述三个建筑尽管各具形态，与传统地域建筑经典形式并无视觉关联，但确是新时代地域性建筑该有的样貌：并无一致形态，却有共同原则，如同草原上的蒙古包，存有共同逻辑，且相互自洽。

通常，建筑师在描述自己的建筑时，会强调某项策略在解决各种问题时达到"既、又、也、同时……"的状态，即一个策略解决了多个问题。从另一角度看，这一状态就是针对不同问题时采取策略的交汇相融，也即，达到了某种程度的自洽。

策略自洽的形成并非难事，但真正意义上深度稳定的自洽则取决于真诚的态度和此态度下策略的适宜性，换句话说，虚假真诚和不够适宜也能形成局部和短时的自洽，需要理性甄别。由此引出另一问题，各维度策略的关联性和叠加度是不尽相同的，关联性与叠加次数越

多，大概率看，建筑则越趋向稳定圆融，而拉长尺度看，应是形成新时期地域建筑文化的重要基础。

最后指出，上述案例呈现的多为面对建造条件采取适配策略的理性逻辑，真正能够形成一种健康持久的地域建筑文化还同时需要一种感性逻辑，并实现两种逻辑之间不相抵牾，称为广义逻辑通恰。某种意义上，建筑设计是一个主观思维的过程，设计中的感性策略不可避免也不可或缺，好的感性策略常常让建筑多彩、生动而充满体验感，如内蒙古工业大学建筑创新实验中心项目，简明轻盈的玻璃盒子与一、二期形成鲜明对照，强调新旧建筑跨越时代的差异感，达到让建筑学生在系统性建造的场所中学习建筑的目的，而其体量中部的小中庭能够让阳光进入，营造了具有体验感的竖向路径；又如，蒙京津冀青少年生态基地科普馆项目，结合贴于坡上的布局形成一条有趣的场地上下坡路径，其中的密柱又形成了某种孩子们需要的陌生感和欢快感；再如，内蒙古清水河县博物馆项目，以场地石材和凿山隐没等策略融入北坡特定环境，产生一种属于地域的亲切感，等等。这些都是建筑师初始的感性目标，只是相对于其他理性策略而言，并没有独立之外或凌驾之上，而是融入其中，达到二者的通恰。

图 10-3 图 10-4

注：此文引改自《当代建筑》2022(9):19-22

融自然：以地为材的相适表达

摘要：重新认识在地材料对于建筑创作全方位的重要性，旨在强调生态和经济维度下在地材料物质性和时间性表达的意义，以及建构感对材料属性表达的作用。结合在内蒙古地域的建筑实践案例，通过挖掘在地材料资源，介绍了天然材料、再生天然材料与废弃材料等在地材料的利用方式，讨论了在地材料在建筑设计中与本地域多自然、贫资源、弱经济等创作背景的相适策略和实践表达。

关键词：在地材料；属性；地域背景；建构

In to Nature:

Adapting Presentation Based on Local Materials

Abstract: Re-recognizing local materials is important for all-around architectural design. It aims at emphasizing the meaning of local materials in physicality and timeliness, and the effect of construction to materials 'property under the influence of ecological and economic significance. By taking some architectural practice cases in the central and western Inner Mongolia as examples and exploring local materials, this paper introduces the usage of local materials such as natural materials, recycled natural materials and waste materials. This paper also discusses local materials' multi-dimensional strategies and construction expression in the creation background of regional feature, including kinds of natural environment factors, poor resource allocation, and low economic situation in architecture design.

Keywords: local materials, material characters, spiritual characters, regional background, construction

图1   图2

在地资源自古就是建筑材料的直接来源。在传统建筑中，由于建造能力、社会需求与物质资源的高度匹配，建筑呈现自然、自明、自洽的状态。随着高性能现代材料的出现和技术能力的拓展，传统的在地材料逐渐隐于历史舞台，偶有利用，也多呈装饰、碎片式的特征。在提倡绿色低碳发展的当下，重新审视并系统利用传统在地材料有着不言而喻的生态意义；而对于我国广大的欠发达地区，如西部边地，更有着直接的经济意义；同时，对于生活在新材料、新技术构成的无差别空间内的人们，在地材料不仅有着明确的物理属性，还携带着天然的情感属性，值得深入挖掘。

重新认识在地材料

某种维度，在地材料的属性可以归结于物质性和时间性。物质性表现为材料的在地性和原真性，时间性则是材料传递情感的主要来源，表现为光阴感、日常性和可持续性。这里，借唯物主义哲学"物质第一性，意识第二性，物质决定意识，意识是人脑对客观事物的反映"的观点，说明建筑材料这两种属性的相互关系：材料的物质属性是第一性，如硬度、密度、冻融循环、抗弯能力等性能要素，可以通过科学实验的方法用数值确定；材料的精神属性是第二性，描述人对材料的感受，比如明暗、冷暖、粗犷细腻等感知要素，表达情感、历史记忆等。总体上，在地材料的上述两种属性中，诉诸时间感的情感属性需要依赖其物质性而产生，如光阴感是真实材料随时间变化呈现的某种"老去"；日常性是身体与真实材料之间在生活中的种种"连接"；可持续性则是真实材料随时随地归入土地的某种"永续"。

就本文认知，材料的建构感是其获得情感属性的直接来源。在地材料

图3 图4

图5 图6

在建筑中的建构，一方面来自结构意义上材料自身的传力逻辑，另一方面是建筑意义上材料的构造逻辑，此外，建造过程的"手工"劳作虽在成形后不可见，但其与日常经验的联系会深植在人的意识中。因此，在地材料的建构感又会来自可见的空间逻辑和可感的生活经验两个方面。实践中，在地材料的建构逻辑需要在具体的设计中加以研究，也更会因各在地材料资源的类型和属性的不同而呈现不同的样式。内蒙古中西部地区，从自然、资源、经济的维度看，是我国广大西部边地的一个缩影，其显现了西部共有的脆弱的生态环境、匮乏的资源现状和薄弱的地区经济。多年来，我们在这片土地上完成了大量基于在地材料的实践项目。在对在地材料的挖掘过程中，将其分为自然在地材料和再生在地材料，前者如土、砂、石，后者主要有用制煤时的固体废弃物制成的矸石砖和粉煤灰等工业废料制成的砌块等，这类材料来源于自然矿物，有着间接的自然属性，而其经济性不言而喻。多年的实践持续研究了上述两类在地材料的工程做法和技术手段，尤其是在保温节能方面的构造措施，重要的是，在此基础上更关注了它们在表达精神情感方面的作用和方式。

与背景条件的全方位相适，是建筑创作的基础。回到这样一种建筑创作"生成论"上来看材料，在地材料与背景的相适是其一切表现的前提。就西部边地而言，背景条件大致包括自然、资源和经济。下面以此分类的实践分享，或许有一定的启示意义。

实践一：以在地土石为材，与自然相适
内蒙古中西部，从孤烟大漠、广袤戈壁到农牧交错的河套平原以及功能复合的草原城镇，自然环境质朴、浑厚，丰富多样。传统意义上，内蒙古中西部地区最原始的建筑都是利用在地的土和石来建造，如土坯做的砖、毛石砌的墙、土和石相融构成的窑等。当下，对于置身其中的体验者来说，这些土、石本就代表着自然和传统，散发着来自真实物质性的情感表达；对于建筑师来说，还代表着一条低建造意义上融入自然环境的设计路径。

内蒙古中西部的土和石类型、构成十分多样。土是本地区重要的传统建筑材料，常见的有粉土、粉质黏土、黏土、粉砂、细砂、砾砂、圆砾，还有典型沙漠的风积沙，它们之间的黏性和含沙量差异也很大。地区内石料的质地和类型也有差别，如：有草原山坡上的砾石、山沟内的块石，还有靠近山陕地区的分化石和泥岩。因地形地貌不同，这些自然土石的性质与用处也不尽相同。

恩格贝沙漠科学馆用在地沙土作为墙面材料。项目扎根于大漠中，设计在对当地传统民居与周围环境的充分解读后，使用传统工艺，用土做类水刷石的外墙饰面。在具体工艺中，将当地的沙土按照试验提供的级配，加入适量水泥、石子，形成"在经久的雨水冲刷之后……满布冲痕"的肌理特征。水刷石自身的色泽朴实、不褪色、耐污染等性质，在恶劣的沙漠环境中具有得天独厚的优势。除了考虑建筑表面与自然的关系，恩格贝沙漠馆的墙体采用了双层墙中空的建造方式，使这一承载情感的表皮具有了防寒与隔热的功效。在这个项目中，当地沙土的加入使得建筑延续了传统民居的建筑肌理、尊重原有的自然地貌，是一次用在地土作为表面材质的尝试（图1、图2）。

乌兰花牧场民居用当地草原上的黏土做结构墙体。项目位于乌兰察

图7　　　　　　　　　　　　　　　图8

图9　　　　　　　　　　　　　　　图10

布市四子王旗，设计用场地的黏土经过加水搅拌即可形成天然胶凝材料红胶泥，加入少许场地中的砾砂，形成了墙体的主要材料。在具体施工中，将拌合后的材料装入一种模具袋中，层层叠砌，用利于操作的弧线型墙体围合成大小不一的空间，兼顾导风和稳定性的同时转译了传统蒙古包的形态。干燥后的墙体经过剥离模具袋、处理防水、增加保温，并用与墙体材料一致的胶泥处理表面，形成了回应场地的新型"蒙古包"群，在观感体验上呼应了草原的原始辽阔，回应了牧民的文化情感。利用场地的土和砂取代混凝土和黏土砖等材料，不仅生态低碳，也是对草原环境的敬畏（图3、图4）。

九龙湾游客中心的墙体材料使用散落在场地的天然块石。项目位于景区入口的山沟内，设计用石头结合保温和结构等要求，形成夹芯保温外墙的砌筑方式。附近的工匠直接用清理场地后的石头以他们最熟悉的方式砌筑，不做筛选、不施任何工艺，这种随机性与周围裸露的山体完美衔接，让游客感受到自然与人、山野与建筑的有机共生。设计在窗口和门边使用少量钢板和木质材料，经过风雨的洗礼，这些钢和木以各自的方式"老化"，渐渐与石头形成相近的色相，成为自然肌理的一部分。这样以在地材料为主，少用外来资源的建造获得了最大经济和生态效益，又在远景群山、中景河谷、近景野筑的交融中并置了自然奔放的外在美与理性韵律的内在美（图5、图6）。

蒙京津冀青少年生态基地科普馆利用场地多种材料既做表皮又做结构。项目位于内蒙古多伦县的一处半沙化地中，设计评估了当地风大沙多、冬季寒冷的气候特征以及处于沙坡的基地特征，在基地北侧用场地上的山皮石砌筑一道长墙嵌入沙土中，挡风挡沙的同时化

解场地高差，并顺入口延伸至室内，成为建筑迎风面的结构墙体，营造了入口前的微气候环境。其他部分的墙体采用场地沙泥自制的混合材料，它们穿透玻璃延伸至建筑内部，形成展墙，分隔空间，与木质材料配合，形成自然亲切的氛围。从内部看，在地材料突破玻璃，外溢至室外平台、沙坡、草地，产生一种置身自然环境中的体验感，从外部看，其与沙地相接，又产生一种生长于斯的感受（图7、图8）。

实践二：以再生的煤矿伴生石为材，与资源相适
内蒙古是能源大省，尤其是煤炭资源大省，是世界上最大的"露天煤矿"之乡，且主要集中在中西部。制煤过程中伴生的煤矸石是矿物废弃物的一种，其产量很大。煤矸石制成的建筑用砖不仅酷似黏土红砖，还节约了黏土与原煤的用量，减少了资源消耗，是一种有效的利废手段。煤矸石砖在内蒙古中西部工业城市中的优势较为突出，利用其近地优势可以在当地发挥较大的经济价值。设计中对其创造性的运用，除生态意义外，还能唤醒当地人的时代记忆，形成真实自然的地域建筑。因此，将矸石砖直接作为外观材料的真实呈现方式成为设计中的一个课题。

矸石砖一般为多孔结构，自重较普通实心砖减少近20%，可以有效减小建筑基础荷载；多孔矸石砖自身优于实心砖的保温性能，在实践中，采用墙体夹芯保温构造来加强材料的热工性能。具体构造做法为：双层外墙之间（通常为240mm与120mm）插入保温材料，用金属网片拉结，保证整体性。这样的构造有效解决了墙体保温问题，最重要的是矸石砖表皮得以外露，建筑获得真实质感。乌海市是我国西北地区一个重要的煤化工基地，下面的案例都是在这个"塞外

图 11   图 12

图 13   图 14

煤城"运用自产矸石砖的实践。

黄河渔类增殖站及展示中心以矸石砖建造。项目位于内蒙古乌海市西邻黄河的对岸，是一座水利枢纽工程的配建项目，功能包括生产和展示空间。设计充分研究了砌体结构中"墙"这一关键要素，如，利于稳定和生长的组合方式、利于受力和视线的开洞方式、利于交接和施工的墙地关系，以及利于耐久的顶部保护方式等等，项目还研制了一种预制卵石混凝土条形砌块作为拉结，增加墙体稳定性，同时成为外立面质感的调节，其表情表达了某种在地性，共同演绎矸石砖的真实感和岁月感。在上述基础上，设计借助开放的交通动线，内院的弹性组织提供了展示空间，进而，打碎体量，平铺于场地当中，与有限的树木相融布置，隐身于河岸风景中（图 9）。

乌海市职业技能实训基地由内蒙古乌海市废置的黄河化工厂改造而成。设计的核心在于营造一处具有记忆价值的特定场所，设计的具体内容主要表现在处理更新生长中的"新"与"旧"问题，如，新功能与旧功能的转化，新建筑与旧建筑的碰撞、新材料与旧材料的组合等。在此，矸石砖充分发挥了天生的独特作用，首先是资源利用，十分贴合改造项目的重要初衷，其次，其大量运用呼应了遗存建筑的肌理，延续了场所表情。因而，在整体改造设计中，所有新植入的材料都有矸石砖承担。从材料开始，设计进一步在营造空间气质和建构场所秩序等方面采取了包围、铺陈、提纯、返真、游离等面向体验的具体策略，成为城市公共空间系统中特殊的组成部分（图 10）。

乌海市青少年创意产业园项目位于内蒙古乌海市海勃湾区东山脚下，

由一座废弃的硅铁厂改造而成，功能组成为综合区、艺术设计区、夏令营区、管理办公区等。由于园区为多区域组合，矸石砖在该项目中的运用除了环保节约外主要起着区域连接和环境气氛营造的作用。即，充当肌理，营造表情，延续了既有材质表皮的性格；铺成路面，串联场景，强化感知，组织了动线；设为界面，形成领域，引导行为，增加了感知强度。籍此，改造设计进一步用开放空间、丰富动线、保留痕迹、以新衬旧等策略实现提示和强化人的特定体验，进而，在一系列表情认同的策略中传递出基于精神空间营造的"光阴感"——一种在既有建筑改造中应强化的特定品质（图 11）。

乌达区城市棚户区改造项目是一个就地利用矸石砖资源的居住小区。项目为乌海市乌达矿区的一处棚改安置房。设计在一种极低的限价前提下，没有沿用乌海市一般居住建筑在结构外挂贴保温饰面的做法，直接用矿区生产的矸石砖建造，建筑主体是纯粹意义上的砌体结构，保温是一贯的夹芯做法，矸石砖既是砌体也是饰面。设计谨慎处理小户型形态凸凹导致的用材增加、开窗大小导致的强度削弱与砌体结构要求的形状整体性等矛盾关系，同时，为增加稳定性，适当位置配合形式增加了扶壁柱做法。设计还仔细挑选了矸石砖的成色，在立面上与结构圈梁调配使用，形成某种韵律感和亲切的尺度。整体小区温暖的色调、熟悉的质感，让居者产生场所认同与归属感（图 12、图 13）。

实践三：以再生的工业弃物为材，与经济相适
建设造价少、施工技能低是内蒙古中西部地区项目建造现状。因此，地域设计实践中的一大挑战是用设计手段主动解决建筑需求与营造能力的不匹配问题，在弱经济前提下实现真实建造。使用砌体结构

图 15   图 16

图 17   图 18

是途径之一，用工业废弃物为原料生产的砌块就是一种循环经济下的建筑材料。在充分挖掘承重砌块潜力的前提下，进一步发挥其类似混凝土质感粗犷而厚重的表现力，能够形成一种既与时代对话又带有某种精神性表达的真实建筑。

再生砌块利用工业废料、加入少量骨料和其他在地材料作为掺合料，蒸养压制而成。其综合造价比钢筋混凝土结构低 20%～30%，三材用量可减少 30%～50%，有效节约造价。砌块种类和模数随位置不同而变化，外墙保温做法类似于矸石砖，利用砌块兼顾承重与围护的双重功能，做成夹芯复合墙体构造，籍此，砌块的表皮肌理得以外露，建筑获得真实质感。我们在本地区不同的项目实践中不断运用并挖掘了这种砌块的表现力。

内蒙古少数民族雕塑艺术工程研究中心项目坐落于内蒙古师范大学盛乐校区靠西侧的一块地段上，功能是若干雕塑车间和部分展示交流空间。设计的核心是促成有限预算下的快速建造。为此，用再生砌块作为维护体成为配合轻钢结构的一种适宜选择。设计中为了强化与轻钢结构装配化建造逻辑的配合，砌块采用干式作业法砌筑，利用夹芯的保温层和灌入砌块空腔内的浆料解决气密性问题。整体空间由钢的精致和砌块的粗犷主导了基调，形成了一种从外而内的连贯性和真实感。同时，设计强调了应对综合背景条件的一系列合逻辑的生成过程，相应的设计策略在形态、空间、结构等方面都与砌块材料紧密配合，在光与时间性双重氛围下营造了空间表情（图14、图15）。

内蒙古工业大学建筑馆二期扩建项目的结构选择直接来自于造价。

项目位于内蒙古工业大学建筑馆一期北侧，设计考量了功能空间的均质性，采用墙体垂直传力的砌体结构实现低造价，同时，在材料选择上用再生砌块代替一期的红砖。同样出于造价考虑，设计还不加修饰地表现了这种砌块结构。从更为积极的角度看，二期项目正是通过砌块延续了一期的性格表情。换句话说，是借助"砌筑"这一建造方式使新、老建筑产生了共同的性格基础。因此，设计过程避开形式表现，以诚实的建造方式、清晰的建构逻辑，通过相同功能单元间的一系列分离、过渡、连接、开放以及动线的流通，使新老建筑之间在厚重、真实的表情中相互对话，相得益彰（图16、图17）。

临河阴山岩画博物馆位于内蒙古临河市城区边缘铁路以西的一处园林中。设计选用的再生混凝土砌块代替原本园林建筑惯常用的青砖，在沉稳安静中多了几分粗犷和野性，与城郊接合部这一地理位置相吻合。设计借助生成于基地走向的不规则平面表现了再生砌块的建构感，在非垂直的墙角处裸露了矩形砌块的构造咬合。设计顺势将这种特征沿基地中的人流动线引入到建筑内部，并成为展览布置的主动线，串联起了若干内庭院。为加强内外空间的流畅感，设计通过墙与顶的脱开，将阳光、水面引入建筑内部，与砌块材质形成光与影的互动，进一步削弱了建筑室内外的界限，让空间在一种漫游的动线中兼具了园林属性，从另一角度强化了人的游园体验（图18、图19）。

呼和浩特英华学校综合教学楼同样采用再生混凝土砌块，却呈现出与上述建筑均不同的结果。项目位于呼和浩特市的城边一处被农田与低矮建筑包围的学校内，因场地紧张，设计将教学、生活、体育功能整合在一块矩形用地内。再生混凝土砌块在该项目中承担填充

图 19　　　　　　　　　　　　图 20

墙体的作用，在建构感上有意突出了与钢筋混凝土框架结构之间的形式逻辑，因而建筑并非仅是一如既往的厚重，同时还略带有几分飘逸、几分韵律。这种异样的真实感从外向内延伸，再沿着一条斜向升起的动线穿过教学和生活区直至屋顶，成为建筑空间性格的主旋律。与此相呼应，设计引入黄绿色伴行在动线中，衬托着厚重，加强着辨识度，共同渲染了学校建筑的功能秩序与和谐氛围（图 20）。

结语

在上述实践中，在地材料的运用并不会只回应某一维度的创作背景，同时，建筑师所面临的创作背景也不能仅用以上三个维度概括，只是在探索"最优解"时有所侧重。虽然，在不同的维度下在地材料的处理与运用方式不尽相同，但都可以在一定程度上回应建筑本体与地域特点之间的关联：那些鲜明的自然特点、独特的在地资源和现实的经济背景，都是创作的已知条件，只有用诚实的手法积极回应，才能表达建筑的真实本性。

与其他材料相比，在地材料的直接运用或经过一定转化后的运用，因其本身未经雕饰的特点，让使用者能够直观感受建筑的天然质感和朴素的意境。本文在实例中对在地材料的处理，无论是直白地裸露、含蓄地静置，抑或是理性地重构，都尊重材料的本性，都以真实的建造契合场所特征并与真实生活相关联。正如诺伯格·舒尔茨在《场所精神》中的解读："场所的本质意义在于，它是一件卓越的艺术品，以本真的方式具化了人们的生活状况，揭示出人们存在的真理。"

注：此文引改自《当代建筑》2023(2):20-24

承传统：借鉴传统建造智慧的设计认知与实践

摘要：绿色建筑的被动式策略作为一种低技方法有着广阔的前景，传统建筑在适应环境的过程中蕴含了丰富的经验智慧，是被动式绿色策略的生命源泉。本文分别从寒冷地区有着广泛的适应性的窑洞和蒙古包中提炼民间的传统建造智慧——"寓动于恒"和"以动应变"，说明其气候调控的当代价值，用四个相关地域建筑实践项目的设计过程，借以阐述建筑设计应对气候的绿色创作体会：诚实的主动思考和平实的被动策略。

关键词：被动式策略；地域建筑；气候调控；低技术

Reference of Traditional Construction:
Design Perceptions and Practices Drawing on Traditional Construction Wisdom

Abstract: The passive strategy of green building has a broad prospect as a low-tech approach, and the traditional architecture contains rich experience and wisdom in the process of adapting to the environment, which is the source of life of the passive green strategy. This essay extracts the traditional construction wisdom of folklore from kiln and yurt, which have wide adaptability in cold regions, namely, "constant in motion " and "responding to dynamic changes", to illustrate the contemporary value of climate control. The design of four regional architectural projects is used to illustrate the experience of this design in responding to climate: honest active thinking and plain passive strategies.

Keywords: passive strategy, regional construction, climate regulation, low tech

图 1　　　　　　　　　　　　　　图 2

迄今为止，广泛实践证明了绿色建筑对降低建筑能耗有着显著成效，在建筑全生命周期中实现了对资源、能源的高效利用，对可持续发展有着重大的贡献。同时，经过多年实践，如下两点也成为业界当下的共识：一是将绿色建筑简单归结为对技术方案的选择，看似条理清晰，却遏制了建筑自身的可能性，不免落入"唯技术论"的片面；二是过分地追求节能技术，为"绿色"而"绿色"的求新求奇，也容易变成对技术的烦冗堆砌，而与绿色建筑的本质貌合神离。

不可置疑的是，工业时代以来，技术的进步带动了人类社会的高速发展，也带动了建筑的发展，它令建筑克服气候的绝对限制，一定程度上让建筑创作更为自由、多元。然而，倚靠技术并非解决问题的根本途径，一方面，对技术的过度依赖令建筑从原本复杂多义的语境中抽离出来，造成同质化的现象；另一方面，技术应用受区域经济发展水平的制约，在经济欠发达地区仰仗技术解决气候问题，不但会增加建造的经济负担，在后期维护的过程中也困难重重。

基于上述认识，挖掘传统建造智慧，从中总结应对气候的被动策略，转译融于当下的建造创作是一条更具主动色彩的积极的绿建之路。

传统建造智慧对地域绿色建筑创作的启示

绿色建筑设计实践，笼统可以概括出主动式与被动式两种策略。客观地看，层出不穷的各类主动技术虽然有其先进性，但从可持续性和经济性的角度考虑，大规模地应用并不切合实际。简单来说，如果将主动策略当作"加法"，被动式策略则可视为一种"减法"，是通过对建筑的布局、形态、构造等方面的设计处理，少用或不用机械和动力设备，以建筑本体回应诸如通风、日照等气候问题。尽管从效果上看缺乏主动策略的精度，但在一定弹性内已足够适用，同时，作为补充

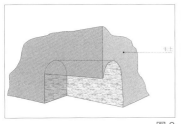

图3　　　　　　　　　　　　　　　　　　　　　　图4

图5　　　　　　　　　　　　　　　　　　　　　　图6

也为后续可能采取的技术方案提供了基础环境。

气候环境对建筑物的干扰是伴随人类建造行为之初即不可回避的障碍，贯穿人类建造活动的历史，因此，建筑关联气候是人类生存发展的客观需求之一。建筑师哈桑·法赛（Hassan Fathy, 1900-1989）在埃及的实践借鉴了当地努比亚历史建筑的传统做法，建筑充分考虑了当地经济落后对技术选择的制约，用传统技术和现代设计方法回应当地酷热、干燥的气候，是结合传统建造智慧与现代设计方法的成功案例。由此观之，传统建造中包含了本地大众世世代代对人居问题的理性实践智慧，在当代依旧是可供学习的参考范本。

中国面积辽阔，跨越了多个不同的气候类型区，在北疆的内蒙古地区，其气候总体上呈现春秋季风大沙多、夏季短促炎热、冬季漫长严寒的特点，气候特征鲜明又富有变化。当地民间在回应气候的尝试中创造并借鉴传承了多种不同的建筑形态。普遍看来，这些建筑有一些共同的特征：建筑尽可能向阳，空间多为封闭，体型简洁，表面积小，同时又积极地组织自然通风，设法遮阳。窑洞和蒙古包是当地传统居住建筑应对气候的两种典型代表：窑洞是植入内蒙古中部地域的一种民居形态，内敛低调，多藏于地下，与外界相对隔绝，内部微气候环境稳定；蒙古包是草原游牧民族创建的可移动住居形式，形态简洁，构成简单，便于搭建，为游牧生活提供了极大的便利，在气候应对上又通过自身表皮的变化来适应草原多变的天气（图1、图2）。这两种传统建筑为内蒙古地域性的绿色建筑实践提供了不同的操作方法，可总结为"恒"与"变"的两种应对思路。

寓动于恒——来自窑洞里的灵感

窑洞是一种特征鲜明的传统建筑，往往就地取材，或由黄土而建或

因石为筑，较其他传统住居而言节约省力。单就土窑洞而言，因黄土层良好的热工表现，有卓越的蓄热、隔热能力，在夏热冬冷的气候环境中维持稳定舒适的室内温度，于内蒙古地区有着广泛的实践基础，其策略核心在于"恒"（图3）。

在盛乐古城博物馆的设计中（图4、图5），建筑以气候应对作为设计的重要切入点，效法窑洞民居而得出"覆埋"的策略，成为后续一系列形式生成的起点。盛乐古城博物馆位于内蒙古和林格尔县内，是为北魏遗址公园建造的一处专题博物馆。建筑通过局部埋藏地下的"覆埋"做法，不但解决了冬季保温兼顾夏季隔热的需求，也满足了新建建筑对遗迹保护的要求，在形式上呈现出"城""台""墙"的丰富意向，同时契合了场地文化与自然环境。

罕山生态馆和游客中心（图6）位于内蒙古通辽市北端。大兴安岭向南延续至此逐渐走势平缓，四周独特的草原与森林景观随四季变化而迥然各异，是一处珍贵的生态资源保护地。与盛乐古城博物馆的情况相似，气候上要解决冬季严寒与兼顾夏季酷暑的难题，与此同时还不得不考虑有限的投资成本对建设的现实制约。出于对建筑功能和对生态区景观秩序保护的考量，设计抛弃了利用设备与技术手段的主动式策略，而其与环境相抗衡不仅意味着增加造价，也会为生态环境施加额外的压力。

故而，设计首先从应对气候入手，将建筑体量依据功能要求分置，顺应地势肌理紧凑地错位而靠埋在坡内，利用山体得以规避冬季寒风的侵扰，形成了一种"紧靠多埋"的解决方案（图7）。这种形式减少了外部围护结构的暴露面积，利用土壤的属性，极大程度提升了建筑抵抗外部气候变化的能力，带来建筑内部空间稳定的热环境。

图 7   图 8

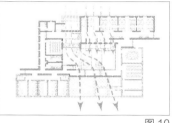

图 9   图 10

此外，应对气候的出发点也在形式上使得建筑与地形地貌有机融合。缘于地貌上连绵而舒缓的山体曲线所构成的场景意向，以退让与埋藏缓解了建筑物对自然景观的冲突，从而产生建筑形态与自然景致相合的盎然趣味。

内蒙古自治区地域广袤，城市和乡村牧区有着相当大的区别，从窑洞中得到的覆埋策略尽管在应对寒地气候上有着得天独厚的优势，但在城市建成环境中难免受挫。在城市环境中，常常需要一种更为灵活多变的方法，应对更为复杂的情况。

以动制动 —— 来自蒙古包的建造智慧

内蒙古本土传统建筑蒙古包，一方面由于其便于建造和搬迁，另一方面由于能够在草原瞬息万变的气候环境中以动应变，主动顺应气候变化而成为与草原生产生活方式相适应的民居类型。蒙古包由哈那（外围墙支架）、套脑（天窗）、乌尼杆（椽子）和门等部分搭接，以轻质毛毡做皮建构而成，所得圆形体量以最少材料覆盖的表面获得了最大室内空间，包裹哈那、乌尼杆和套脑的轻质材料，让蒙古包具有了轻便、防风、可控的特点。在寒冷的冬季增加毡子数量，即可保持室内温度。天气炎热，只需上翻围毡，打开顶上的套脑，即可实现通风降温。相对于窑洞的"恒"，蒙古包应对气候的策略表现为"变"（图8）。

内蒙古工大设计院乌海分院项目（图9）位于内蒙古乌海市海勃湾区东山脚下的一处老旧厂区内部。设计始于对场地现有的两栋旧房子的处理：直接拆除固然简单，然而却破坏了工业遗址的既有历史文脉，也造成了大量不必要的浪费，并不符合生态绿色和节约环保的设计初衷。保留旧房子，围绕环境气候重构在场的建筑秩序，形成了方案的雏形，新建筑垂直于既有建筑，以延续与生长的态势，在形态上相互咬合，呈现平面上围合的布局，留出向南开敞的院落。这种形式利于冬季防寒，但无法保证夏季通风。至此，既要阻挡冬季寒

冷的侵扰，保障日照优势，又要解决现有南向院落的通风，需要找到一种可控、可变的策略以统筹兼顾多方因素。

蒙古包自主改变建筑形态的主动应对方式，在乌海分院的设计实践中得以运用。建筑通过在南侧院落增加可开启的廊道，既连接了两侧建筑，在功能上满足了交通要求，也化解了建筑与环境的冲突。效仿蒙古包增减毡子的做法，在不同时节手动控制门窗开启，可以调控室内温度，是一种以变应变的方法。在寒冷的冬季，封闭廊道，利用外侧敦厚墙体抵御寒风，而暖阳又经由内侧玻璃照进室内和内院，带来充足的日照。夏日炎热，打开廊道与北侧建筑的门窗，在风压和热压的双重作用下，空气自然流动，凉风涌入室内，经院落拔出多余的热量，动态维持着宜人的内部温度（图10、图11）。

内蒙古工业大学建筑学院实验楼（图12~图16）是建筑学院扩建的一处新的教学实验用房，与由校办工厂改造而来的建筑馆相邻。实验楼以钢结构为装配式骨架，外表通体覆盖内夹保温阳光板的玻璃幕墙，以获得均质的自然采光，底层使用红砖在物料上承接了建筑馆的固有做法。建筑整体形式表现为现代的、轻盈的样貌，与带有浓厚工业历史记忆的改造建筑形成了一种鲜明的对比式延续关系。

绿色建筑的理念在建筑馆的改造工程时即有体现，其中改造工厂遗留的地下空间和废弃管道为通风系统的做法让空气自然循环，获得了卓越的室内通风环境，是一座能自由呼吸的房子。在新建教学楼的设计中，对气候环境的应对依旧是着重考虑的首要问题，经过前期对场地的风环境模拟，方案首先在方形体量的中心置入上下贯通的中庭，解决公共空间的通风和采光问题。东西两侧的实验室由于以大空间为主，为解决通风问题，每个楼层均南北错层布置，南高北低，利于热压通风，南部基于气流中性面再设独立升高的通风竖井，在此基础上利用竖井阀门的手动开合实现一种构造式的被动通风。在炎热夏日，手动开启阀门将北向阴凉空气引入室内，利用热压和

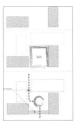

图 11　　　　图 12　　　　　　　　　图 13　　　　　　　　　　　　　　图 14　　　　图 15　　　　图 16

风压而拔出热空气，通风降温；相反，在寒冷季节，控制阀门大小，令风量可控，避免对保温效果的不利影响，减少能源浪费。此外，幕墙所使用的玻璃窗经过嵌夹保温层的工艺处理，降低反射率并控制透光量，既减少玻璃幕墙对外界的干扰，又获得了室内充裕稳定的光照。

内蒙古工业大学建筑学院新建实验楼的设计实践可以说明，从传统中受到的启发是存在着多种释义的，在不依赖设备的情况下调控室内热环境，即采取被动式策略和低技术方式应对气候问题的方式，在低造价和高品质建筑之间、生态性与对人的善意之间是有着相互兼容机会的。

结语

建筑向传统学习以适应气候，也许看起来是一种不得已而为之的低技术建造，似乎与日新月异的时代发展不甚相合，甚至略显迂腐。但是，低技术并不等同于低质量，采取被动式策略的地域建筑也并非一种固有模式，它是基于生态与绿色理念，以建筑本体语言与环境的平等对话。

以上案例平实应对建筑所处环境的两类策略是从传统建造中获得启发的一种尝试，在传统建造中，窑洞所采取的"以不变应变"方法无疑是以被动躲避严寒酷暑作为重要出发点，蒙古包所采取的"以变应变"方法则是以主动化解不同气候为主要出发点，它们源自日常生活的朴实智慧，为绿色建筑创作提供了一种视角。以气候作为设计的切入点，结合传统技术与现代设计方法，建筑自然会在生成过程中形成绿色、生态和健康的品质。

绿色建筑是一种态度，也是一种责任，技术手段是实现绿色建筑的方法而非目的。内蒙古地区的民居建造传统为当代的绿色建筑被动式策略提供了"恒"与"变"的两种不同思路。需要指出的是，对

传统的借鉴并非具体技术的搬用或形式的模仿，也不可能存在一以贯之的模板或套路，上述案例之中对传统的借鉴不能理解为简单的原型对应，实践中还需要对具体的现实问题采取因地制宜的策略，同时也需说明，需要传承的智慧远不止于此，还有待继续挖掘，重要的是，我们需要让创作回归建筑与气候之间原本表现出的那种互相制约又互相促进的关系，以诚实的态度，以相适的策略回应气候与环境，在相适的过程中，积极从传统建造中汲取智慧，而这，无疑仍具有当代价值。

注：此文引改自《当代建筑》2021(9):27-30

低建造：三种草原新型绿色建筑体系

摘要： 针对"双碳目标"达成与回应的问题，建筑界正在努力探索新的方法与路径，内蒙古地区的建筑实践则从地域出发，结合本区域的环境特征、气候因素与技术条件，尝试建立并修正现有适于草原环境的新型绿色建筑体系。本文介绍了现代轻木结构、生土沙袋结构、生土模块结构三种绿色建造技术体系，重点阐释了三种体系在材料选择、结构体系设计、建造方式凝练以及新能源耦合等维度的低碳化方式，并借此探索地域性建筑的绿色之路。

关键词： 低碳；草原新型建筑；绿色建筑体系

Low-Tech Construction:
Three Types of New Green Building Systems for the Grasslands

Abstract: In response to the issue of achieving and responding to the "dual carbon goal", the construction industry is striving to explore new methods and paths. The construction practice in Inner Mongolia is based on the regional perspective, combining the environmental characteristics, climatic factors, and technical conditions of the region, and attempting to establish and modify the existing new green building system suitable for the grassland environment. This paper introduces three green construction technology systems: modern timber frame structure, raw soil sandbag structure, and raw soil module structure. The focus is on explaining the low-carbon methods of the three systems in the dimensions of material selection, structural system design, condensed construction methods, and new energy interaction, and exploring the green path of regional architecture.

Keywords: low carbon, new grassland architecture, green building system

图1-1

引言

2020年9月我国明确提出"碳达峰，碳中和"目标，此后各行各业都力图采取有效措施实现此目标。《中国建筑能耗研究报告（2021）》中显示：2019年建筑行业全生命周期碳排放总量占全国碳排放的比重为50.6%。因此，建筑行业节能减排的发展程度对我国"双碳"目标的实现起着重要作用，研发并推广符合实际需求与环境关系的绿色建筑体系有其必要性。

自2006年我国颁发首部《绿色建筑评价标准》（GB/T 50378-2006）以来，建筑界关于绿色建筑的探索与实践取得了一定的成绩。从深圳建科大楼的"平民化绿色建筑"到体现本土化设计思路的"被动式设计"，从"可持续建筑设计的思考"到"传统建造智慧的绿色转译"等一系列设计思维与方法的探讨均为低碳建筑的发展提供了新的可能。截至2021年，我国累计建成绿色建筑85亿㎡，但从区域分布来讲，绿色建筑大多位于江苏、广东等沿海发达地区，且在低碳设计方法上偏于"技术的运用"，对于传统营建智慧以及适于地域的低碳设计方法的研究与创新仍处于初级阶段。基于上述分析，本文结合内蒙古地区环境特征、气候因素，探讨符合当下双碳背景的草原新型绿色建筑体系。

草原新型绿色建筑体系

随着时代发展，草原牧民的生活方式也经历着从"游牧"到"定牧"的转变，传统蒙古包的住居形式逐渐被现行的各种砌体结构的建筑形式所取代。此种改变既来自于打破地理限制的文化交融现象，也体现了人们在面对新的材料、技术条件同传统建造方式之间选择的矛盾。因此，笔者试图以牧区传统建筑的使用方式、功能关系为原型，在满足牧区建筑的文化传承、牧区人民的文化认同以及适应新时代双碳目标的需求下，形成三种草原新型绿色建筑体系，具体包括：生土沙袋结构、新型轻木结构、生土模块结构建造体系。

图 1-2   图 1-3

图 2-1

（1）生土沙袋结构建造体系

生土沙袋建造体系以生土作为主要的建筑材料，强调建筑材料获取方式的在地性。该体系起始于美国，是美籍伊朗建筑师纳德·哈利利（Nader Khalili）所创造的建筑实践方式，具有造价低廉、坚固结实、抗洪抗震、隔热绝缘、建造方便等优点。国内对沙袋建筑体系研究较少，本团队首次引进此建造技术进行地域性转译，并将其应用于多个实践项目中，相关设计方法与建造技术已相对成熟。该体系结合地域特点，根据设计场地现状，就地获取沙土掺入适量凝结材料，装入袋中叠砌，是一种适于内蒙古草原环境、改良后的新型生土建筑体系，具有就地取材、易操作、建造快、造价低、完成生命周期后化解归于土地、生态环保等特点（图1）。

（2）新型轻木结构建造体系

新型轻木结构预制安装建筑体系是由钢木结构演变而来。在建筑领域，钢木结构已有成熟的实践效果，产业化程度较高，广泛应用于低层的居住建筑和公共建筑中。本文所提出的新型木结构预制体系是在以"蒙古包"为原型的基础上的一种新的变体，运用模块化的建造方式，根据模块的基本单元与组合方式可分为板式结构和杆式结构。建造方式为主要由工厂预制构件现场组装，是一种完全去湿作业的装配式建筑体系，纯组装，可搬迁，体现了低碳环保的特性（图2）。

（3）生土模块结构建造体系

生土模块结构保温一休化砌块体系是以将高效能聚苯板砌块作为围护骨架、用场地材料加以填充，辅以钢筋，形成新型低能耗抗震房屋结构体系。该体系具有建造技术标准化、建筑部品生产工厂化、施工现场装配化和室内环境舒适化等优点。与传统砖砌房屋相比，该技术降低了房屋的建造成本，增加了使用面积，特别适合当下牧区新型绿色住宅的建造。

三种体系的低碳策略

（1）低碳的材料选择

就建筑材料而言，当下牧区草原建筑主要以砖、石、钢筋等作为主要材料，从保护环境与低碳角度思考，其存在着较大弊端：首先，砖的生产过程既破坏土地，又消耗资源；其次，由于牧区交通不便，进一步增加了材料的运输难度；因牧民不熟悉施工工艺，需额外聘请工匠代为建设，增加了建设成本；施工设备的入场和现场的湿作业施工，对草原生态环境造成破坏较为明显；此外，由于材料不可回收，导致建筑垃圾不能有效处理，同样会对草原生态造成负担。因此，适于场地环境材料的选择对建筑低碳目标的达成有着重要作用。

生土沙袋结构体系将生土作为主要建筑材料，最大价值在于该建造系统几乎只需要使用自然界本身赋予的材料就能为不同层次的使用者建造居所，具有巨大的生态价值和社会价值。良好的热工性能够应对内蒙古当地夏季温热短促、冬季寒冷漫长及昼夜温差大的气候特征。内蒙古牧区幅员辽阔，大量的生土便于获取，且生土在使用后可重新归于土地的优势，保证了建筑在拆除后归于自然，便于处理。

新型木结构的主要材料是木材。相对于水泥、混凝土等高能耗建材而言，木材因绿色无污染、天然可再生的属性，可将其称为"负碳"型材料，每生长 1m³ 木材能吸收约 1t 的 CO_2，并释放 0.5t 的 O_2。装配式木结构建筑在我国仍有很大的发展潜力，并与传统蒙古包所采用的柳木等天然可再生的材料特性有相当的契合度。因此，在新型蒙古包中选用木材既是对地域属性的继承，也是对此种小体量装配式建筑新的呈现，使其能够充分发挥木材的特性。

在生土模块结构体系中，其主要材料是模塑聚苯模块。此种材料具有成本低、重量轻、强度高、防水、导热系数低等特点，在节能方面具有突出的优势，且模块在工厂采用全自动生产线预制生成，类

图 2-2   图 2-3

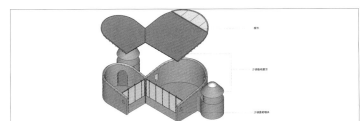

图 3

型多样,适用于各种类型的建筑构造。施工时仅需在工地统一进行装配,减少现场作业,提高了建造效率与综合效益。

(2)低碳的结构体系
生土沙袋建筑体系以传统蒙古包的圆形作为母题,通过若干适于沙袋砌筑和强度的曲线形体量,在空旷寂寥的草原上呈现柔和内敛的形态,表达了人与自然和谐共生的理念(图3)。生土沙袋建筑的结构体系主要分为墙体和屋顶两个部分。墙体既作为承重结构又是围护结构,在生土材料中掺入少量水泥,将其装入袋子中形成基本模块,逐步堆叠而成。屋顶结构则有两种方式:其一,较大空间中,由装配式木构架组成的单坡屋顶,置于墙体之上,搭接而成,不仅施工方便,且便于排水;其二,在较小空间中,采用沙袋发券、层层收分,最终形成一个可采光的小顶,既呼应传统蒙古包造型,表达地域传承,也形成"烟囱效应",通过拔风作用,提高室内通风效率,以此来降低建筑运营阶段的碳排放。

新型木结构体系采用装配式技术,与传统蒙古包相比,主要由"基座、墙体、屋顶、天窗"四部分组成(图4)。基座采用架空方式,延续了传统蒙古包中可持续的草原生态观,在为室内提供保温、防潮性能的同时,也为上层结构体系提供稳定的支撑。墙体主要由数根木柱与其之间的填充墙组成,装配化程度高,便于移动拆卸。它的屋顶部分,则通过装配式木构架的拼接组装成正交叠层木肋结构,强度稳定且结构形式优美。墙体与屋顶可根据结构需求或功能需求进行模块组合。对于室内功能而言,创造了大跨度的无柱空间,使用更加灵活,结构更加稳定;对于节能减排而言,带坡度的屋顶上方铺设的光伏板,提供了合适的日照角度,尽量减少对外部能源的依赖,此外由天窗组成的通风系统,也能够保证室内空气流通,提升了室内居住品质。

对于同样采用装配式技术的生土模块结构体系而言,在建筑构件标准化的基础上,其建造速度快,生产成本低,且结构类似剪力墙,

更为牢固。在实际的施工过程中,因为传统混凝土不能降解,为了进一步降低建筑物的能耗,将模块空腔内的混凝土替换成生土,仅加入少量水泥保证结构强度。而屋顶部分则是通过方钢串联模块,利用屋顶天窗促进室内外的空气流通;同时灵活的模块体系使建筑造型更加自由和丰富,为地域性的表达创造了有利条件。

(3)低碳的建造方式
生土沙袋建筑体系的整个建造过程贯穿低碳理念。其主要建筑材料为生土,可就地取材,节省大量材料费和运输费。墙体通过沙袋叠砌,上下层沙袋之间仅用少量纵向钢筋加固结构,低碳环保。屋顶采用装配式木构架,结合受力分析,不同部位采用3~6层不同数量的杆件堆叠,在满足结构强度的基础上,尽可能节省材料,并为室内创造了精致的空间氛围。

新型木结构与生土模块,作为装配式建筑,其主要构件由工厂加工制作,提升了建造效率,降低施工对环境的污染。对于新型木结构体系,其整体装配率达90%,细部处理采用铆接、铰接来代替传统的插接、捆接,在增加结构稳定性的同时,也兼具一定的灵活性,可以根据日常的使用需求对各构件进行调整。对于新型木结构,其平面为多边形,可以根据不同的使用需求将多个原型空间进行组合,进而获得更多元、更开放的建筑空间。

生土模块体系采用大体积砌块,整体装配率达50%。其采用的聚苯合成材料,有效提高了建筑的保温性能,且孔洞浇筑的生土及适量粘合剂与传统混凝土相比具有可降解的优点,能够更好地保护牧区环境。此外随着时代发展,人的个性化需求不断增多,传统的单体蒙古包,在面对日益繁复的新功能时总会受限于其体量而无法满足。因此,新型绿色蒙古包体系还应面对未来可能出现的空间。而轻型钢木结构与生土模块体系采用装配式,能够完美适应空间拓展等需求。生土模块体系则通过对牧区户型方案的研究,制定出多种建筑

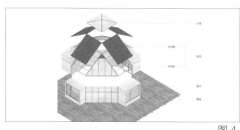

图4   图5

图6

造型特点的住宅，在满足新的空间需求的同时，更好地为自治区新农村牧区建设和新型城镇化服务。

（4）低碳的能源供应

内蒙古牧区拥有丰富的太阳能资源，高效的利用太阳能对于草原新型绿色建筑体系的构建具有重要意义。在本次实践中，鉴于生土沙袋建筑体系与生土模块体系墙体材料均具有良好的热工性能，且涂有气凝胶涂料，热工性能更佳。此处以新型木结构体系中运用光伏建筑一体化技术（BIPV）为例说明新能源的耦合探索。太阳能光伏系统在绿色建筑中运用广泛，其本身作为建筑材料，降低了建筑物的整体造价，节省安装成本，使建筑外观更具技术和艺术魅力。与传统的太阳能利用方式相比，光伏建筑一体化技术对于光能的转化效率更高，发电量更多，后期维护也更简单。在新型木结构体系中，隆起的屋顶为太阳能光伏板提供日照角度（图5），直接作为外围护结构的光伏板凭借其透光的特性也使室内产生了丰富的光影环境（图6）。同时，在整个能源供应系统中，电能依靠风能转化，再进行有效的收集，用于日常生活之中。太阳能与风能不仅为建筑的有效运行提供了基本保障，并且为可再生资源的利用提供了新的可能。

结语

以上三种建筑体系，带有较强的地域性色彩，同时为了达到节能减排的目的，满足绿色建筑的要求，在主要材料的选取、结构体系的运用以及建造方式上都选择了较为合适的做法，在保证建筑品质的基础上，力求达到贯穿建筑全生命周期的低碳使用。

当代建筑语境下，建筑本体与外部环境之间的关联性的探讨愈发重要，找寻二者的均衡点成为建筑设计的关键。本文所涉及的"低碳"与"地域"两个概念之间存在某种共通与交织，同时也是回应建筑本体与具体环境的一种方式。草原新型绿色建筑体系强调了在地性与低碳化：生土沙袋建筑体系于在地材料的选取与建造过程中体现在

地性，其选取与回收过程强调了全生命周期的低碳化；新型轻木结构预制安装建筑体系则是从当地蒙古包民居的转译体现在地性，在建造方式与结构特性上强调低碳化策略；结构保温一体化生土砌块体系将气候条件与构造做法结合，强调在地性与低碳化。此外，草原新型绿色建筑体系的研究基于当下草原牧居生活的需求，建筑物质空间与精神空间有机融合，进而重塑新的草原人居价值观，以期为新的地域建筑提供新的范式。

注：此文引改自《当代建筑》2022(8):22-26

统合多效：建筑适地策略的协同

摘要： 真实处理在地问题的适宜策略，即适地策略，是建筑地域性生成的重要前提。在此认识的基础上，文章阐明在设计中不同的策略在解决各自问题的过程中需要统合，以高效的方式赋予建筑简约、平实、自明等特征，进而结合内蒙古地域的四个设计实践项目，分别针对地域因素中的经济、地理、气候、文化等维度问题进行适宜的策略切入，有效解决自身问题的同时兼顾解决其他问题，从而产生多个效应，并说明策略的统合多效，关键在于识别核心问题与核心策略，识别的前提是诚实。

关键词： 地域性；适地策略；统合多效；核心问题；核心策略

Integration and Multi-Effect:
The Integration of Region-Adapting Strategies in Architecture

Abstract: The appropriate strategy for dealing with local issues,namely the adapting strategy, is an important prerequisite for architectural regionality. The article clarifies that different strategies in design need to be integrated in the process of solving their own problems, in order to give the architecture simple, plain and self-explanatory characteristics in an efficient way. Then, combined with four practical projects in Inner Mongolia, appropriate strategies are proposed to deal with the issue related to economy, geography, climate, and culture in regional factors, and effectively solve one's own problems and other problems, resulting in multiple effects, and demonstrate the key of integration and effectiveness of strategies is to identify core problems and core strategies, with honesty as the premise of the identification.

Keywords: regionality, adapting strategy, integration and multiple effects, core issues, core strategy

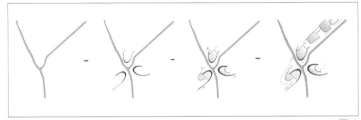

图 1

内蒙古地域，经济基础相对落后、气候条件相对苛刻、地理状况相对复杂以及文化底色相对特殊，决定了它多维度的地域气质。在过去地理相对隔离、技术手段相对简单的背景下，这种地域气质在建筑中的投射是自然发生的，即真实应对各个维度的问题采取相应的适宜策略自会"印染"某种地域气质，亦即，真诚的适地策略自然产生一种地域性集合。但在当今，事实却常常并非如此简单，面对不同维度的问题采取不同的解决办法，局部虽然有效，但整体往往是另一种表现：众多策略施加在一个建筑对象上，一方面会彼此消解效力而磨秃对象的个性，另一方面更会令建筑杂糅而不自明，因而，不论何者都难于形成某种气质的集合。事实上，纵观过去，传统的建造智慧常常表现为简单适地策略的高度凝练，在当下，技术的发展尤其是专有技术的能力在导致策略复杂化的同时也强化了各自的独立性，从而也促成建筑性格的大大分化和异化。对此，创作的关键在于策略的统合。加之，地域的经济、气候、地理、文化等多维度问题之间盘根错节，相互影响，相互制约，统合的关键在于识别不同建筑面临的"核心"问题，采取"有效"的策略加以解决。此处的"有效"即指此策略还能兼顾解决其他问题，从而一招多能、一计多效，它指向用一个或尽可能少的适宜策略解决尽可能多的问题，这便是统合多效的核心思想。

因此，今天强调真实面对在地问题的适地策略，不仅仅指针对不同维度的问题采取的具体策略是适宜的，更应表明在比较各个独立的策略中找到的交集是适宜的。

在多年的设计创作中，面对地域多维度问题，渐渐形成了一种思维习惯：首先梳理和识别核心问题，进而提出解决此问题的不同可能的办

图2　　　　　　　　　　　　　　　　图3

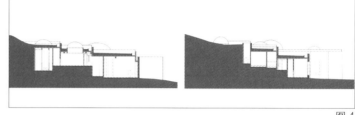

图4

法，再考量这些办法对解决其他问题的有效性，从而识别核心策略。但在实际设计过程中，核心问题常常不是一目了然的，往往呈现假象，从表象看到的"核心问题"导出的"核心策略"往往不能统合其他维度的问题。此时的"核心问题"并非处于浮在表面的那个维度，需要挖掘，而"核心策略"也不在一般显性的层面，需要解析。

通常，由显性和隐性的"核心问题"与同样显性和隐性的"核心策略"导出四种排列组合。下面四个实践案例分别从经济、气候、地理、文化四个维度切入，设计试图识别各自的"核心问题"，并由此开始，表现为分析、确立"核心策略"的理性过程。

显性的"核心问题"＋显性的"核心策略"：九龙湾游客中心
九龙湾游客中心位于内蒙古卓资县西北部大青山分支的九龙湾景区。设计面对的主要问题表现在：如何在减少人工介入的前提下，使建筑与自然景观有机融合在一起？如何使建筑与当地肌理保持一致并有效传承当地文化？如何反应委托方诉求，进行低造价建设？

建筑处于景区入口的道路分叉处，其布局和形态直接来自于场地的逻辑：道路走向分割了体量，决定了总图的基本布局；场地的坡度在体量间自然产生了可登临的组合关系；进山的"入口"功能和背景的山体走势引导了建筑形态；在建筑内和建筑屋顶平台看山修正了布局和形体的走向；同时充分利用了在地材料资源——石材，砌筑墙体的工匠来自于附近村民，沿用工匠们最熟悉的砌筑手法（图1~图3）。

在设计过程中，九龙湾游客中心应委托方低造价建设的要求，经济

维度的问题成为项目是否成立的关键问题，自然也是需要首先解决的"核心问题"。对此，由于远离城市的场地关系，材料与施工方式是低造价的根本因素。设计选择在地的石块作为主要材料，以自然的砌筑为结构形式，同时，砌筑与地形相结合，统合了融入自然的环境诉求，在地村民的砌筑又使其融入了当地文化，也传承了当地民居的砌筑工艺，从而达到在低造价建设的情况下兼顾地貌与文化。在此，经济这一维度的问题作为核心问题是显性的，针对其采取的核心策略也是显性的，产生的多个效应也是自然而然的。

显性的"核心问题"＋隐性的"核心策略"：罕山生态馆
罕山生态馆位于大兴安岭余脉伸入内蒙古通辽市内的罕山森林生态保护区入口处。设计面对的主要问题表现在：罕山属严寒地区，如何有效应对冬季寒冷漫长的特殊气候条件？罕山属丘陵草原地貌，景色优美，如何平衡建筑体量与地形、环境的关系？场地远离市区，交通不便，如何解决材料购买与运输的成本问题？设计将生态馆置于面阳的两个山坡上，由此将功能分为博物馆和游客中心两个体量，它们前后错置，独立使用。体量埋入坡内沿等高线顺山体层层退进，由此，山即是建筑，建筑即是山。建筑材料则是挖山后的土方，设计将土方分离为土与石，土用于覆埋屋顶以及恢复植被，碎石则根据粒径大小分别用于基础、骨料和外墙（图4、图5）。

在设计需要解决的众多问题中，设计首先关注气候问题，为此，设计将原选址从一片微树林前调整至其后的山坡前。相比较而言，对于抵挡严寒，靠山覆埋比树林遮挡更为有效。同时为了发挥更大作用，建筑最大限度地覆埋于山坡中，最大限度地紧靠山体，最大限

图 5

图 6

度地减少裸露在外的体量且裸露部分充分向阳。在这一设计过程中，减少外运建筑材料和土方实现的低成本和建筑靠山退进实现的环境融合度均来自于适寒策略的自然效应。显然，罕山生态馆以气候条件为前提，将适寒作为项目的"核心问题"是显性的，然而，靠山覆埋这一策略作为"核心策略"并非显性，设计反复比较各种策略直到将场地从树林前移置到树林后开始，才有效地统合了经济、地貌和生态环境等问题，成为一个生长的建筑。

隐性的"核心问题"＋显性的"核心策略"：老牛湾博物馆
老牛湾博物馆位于内蒙古清水河县城关镇北山坡上。设计面对的主要问题表现在：如何处理建筑与山地的关系？布满场地的石窑洞是当地独特的传统建筑，设计如何延续地域文化？建筑位于一个小坡顶上，冬天被寒冷的北风侵蚀，建筑如何有效保温？

设计将建筑一分为二，下沉后分别埋于沿山体径向切开的两侧，露出的立面相对而视，形成的视觉通廊与北山的人文景观——明长城烽火台相联系。当地的山体由石头构成，开山后的碎石不外运，直接砌筑两侧的建筑墙体，砌筑方式来自于当地的石窑洞，砌筑的墙体向山下延伸，作为护坡直至坡底，之后接入城镇道路，反向形成上山的路（图6、图7）。

设计中，老牛湾博物馆面对呈现出的多个维度的问题，来自于地貌的问题似乎最为明显，然而，针对此采用的一般的策略并不能带来统合所有其他问题的柳暗花明。当设计跳出简单的物理地貌本身，认识到置于小山坡上的博物馆建筑可以成为进入其后新近修建的北

山公园的一个驿站时，一条"上山的路"的想法应运而生，并自然形成了纵向切开山体的"核心策略"。由此，建筑埋于坡内，解决了气候问题，也减少了日常运营的耗能；体量隐于山，解决了建筑融合环境景观的问题；切山后的石头直接砌墙，节约了项目成本；石砌外墙及其砌筑方式又呼应了石窑洞的民居文化。在这里，"核心问题"隐藏于地貌背后人的行为需求中，其一经识别，"核心策略"自然生成，呈相对显性状态。

隐性的"核心问题"＋隐性的"核心策略"：黄河渔类增殖站
黄河渔类增殖站位于内蒙古乌海市紧邻黄河的西侧，是乌兰布和沙漠止于黄河的位置。盐碱地质的河滩导致树木成活率极低，有限的防沙林显得格外珍贵。踏勘场地后，设计认为以下问题值得关注：黄河与当地文化脉络应在项目中体现；脆弱的基地生态环境不应受到破坏；场地被黄河与市区相隔，材料运输与大型器械供应不便。

设计打散体量，以小尺度介入场所，并选址于两排防沙林之间。在不对现有树木造成影响的前提下，布局呈南北狭型，当中用院落式空间创造抵御风沙的微环境。建筑材料选用红砖，参考并延续黄河沿岸窑洞建筑的特征与附近民居的形态。内部空间组织则适当扩大交通面积，兼顾了展览功能，增加了体验感（图8～图10）。

设计统合了地貌、经济以及生态环境等多个层面的问题，核心问题却处于呈隐性状态的文化脉络中，那种低矮、暖色、小体量重复呈现的民居给了设计清晰的启发。在策略层面，显性"隐于林"和"围成院"用任何建造方式均可实现，不能统合其他问题，不能成为"核

图7　　　　　　　　　　图8

图9　　　　　　　　　　图10

心策略"。当设计偶得位于黄河同侧的废旧砖厂，成就了砌砖的建造策略时，才统合了材料与器械不便的难题，节约了造价，其朴实的特征也契合了沿岸的环境特征，其砌筑语言更强化了文脉的延续。可以看出，设计中的"核心问题"与"核心策略"都呈隐性，需要通过理性的分析才能找到各维度问题和策略间的交集。

表现，而是通过适宜平实的手法，满足真实平常的需求，进而通过适宜平实的建造，融入真实日常的生活，这正是建筑地域性生成的根基，芒福德曾说，地域性就是人生活得更好的一种属性。

结语

需要说明的是，以上用四个个人设计案例说明四种范式并非典型，不同的项目遇到的问题千差万别，不能用四个维度简单概括，同时，解决问题的策略更是数量繁多，种类各异，能否有效识别考验着建筑师的智慧和能力。有必要指出的是，从这四个建筑案例的设计实践中可以看出，确定核心问题，识别核心策略，开放的思维十分重要。当过度关注一个维度从问题到策略的逻辑性和完整性时，思维必然引向闭合，自然难以完成统合。常常，在设计过程所遇到的问题中，表面上看是显性的甚至是唯一的问题，却并不一定是核心的，需要挖掘、解析。在老牛湾博物馆中，处理与地貌的关系作为项目的问题无疑是明显的，但在设计分析中发现，直接的简单处理，不足以统合整体设计，人的行为与体验促成了思维的开放，从而更接近"核心问题"；在解决问题的策略中，有时表面上看似乎顺理成章的策略，但整体不能奏效，需要认真比较、识别。在罕山生态馆和黄河渔类增殖站案例中，突破了就事论事的思维范式，以开放的视野，另辟蹊径，"多效"的核心策略才能显现。还需指出，多维度统合看待问题及其解决策略正是常态化建筑设计的基本要义，除了开放的思维外，真实、诚实的心态亦是关键，唯此，核心问题和策略才会显现，进而才可能是真正适地的问题和策略。真实的建筑不是为了表现而

注：此文引改自《当代建筑》,2020(08):14-16

设计

内蒙古少数民族雕塑艺术中心

内蒙古九龙湾游客服务中心

蒙京津冀青少年生态基地科普馆

内蒙古工业大学创新实验中心

内蒙古西部实训基地

内蒙古青年政治学院图书馆

呼和浩特英华学校综合楼

呼和浩特清水河县博物馆

内蒙古兴安盟乌兰毛都大乐之野民宿

内蒙古马鬃山游客中心

Design

内蒙古少数民族雕塑艺术中心
Inner Mongolia Minority Sculpture Art Centre

地点：呼和浩特市
设计时间：2014 年
完成时间：2017 年
建筑面积：6247 ㎡
合作建筑师：雷根深、范桂芳、郭彦
摄影师：张广源

Location:Hohhot
Design Time:2014
Complete Time:2017
Building Area:6247 ㎡
Co Architects:Lei Genshen, Fan Guifang, Guo Yan
Photographer:Zhang Guangyuan

合逻辑：
内蒙古少数民族雕塑艺术中心设计

项目坐落于内蒙古师范大学盛乐校区靠西侧的一块梯形地段上，功能主要以雕塑车间功能为主，兼有学术交流空间和展览空间等，用于研发、制作各类雕塑（石、木、铜、铁、陶等），并进行展示、交流、洽谈、交易。设计强调在综合背景下自然而然的生成过程，其设计策略在形态、空间、结构、材质等方面表现为一系列合秩序、合逻辑的过程：合场地关系的动线秩序、合功能需求的形态操作、合建造逻辑的结构秩序、合空间气质的材料选择、合形体逻辑的用光策略、合场所感受的时间秩序，等等。同时设计借助铺陈、包围等手段，又借助真实、纯粹等属性加以强化。

Logical Strategy:

The Design of Inner Mongolia Minority Sculpture Art Centre

The project is located in a trapezoidal area on the west side of Shengle Campus of Inner Mongolia Normal University. The function is mainly based on sculpture workshop, with academic exchange space, exhibition space, etc. It is used for researching, developing, producing various sculptures (stone, wood, copper, iron, pottery, etc.), and conducting exhibitions, exchanges, negotiations, and transactions. The design emphasizes the natural generation process in a comprehensive background, and its design strategy is manifested in a series of orderly and logical processes in terms of shape, space, structure, and materials : dynamic order in line with the relationship between sites, morphological operation in line with functional requirements, structural order in line with construction logic, material selection in line with spatial temperament, light use in line with physical logic, and temporal order in line with the feeling of the place. At the same time, the design is reinforced by the attributes of presentation, encirclement, and authenticity and purity.

内蒙古少数民族雕塑艺术中心设计（以下简称"雕塑中心"），坐落于内蒙古师范大学盛乐校区靠西侧的一块梯形地段上，建筑面积约 6000 ㎡，主要以雕塑车间功能为主，兼有学术交流空间和展览空间等，用于研发、制作各类雕塑（石、木、铜、铁、塑、皮、玉、陶等），并进行展示、交流、洽谈、交易。项目的设计过程表现为一系列的复合操作，即在建立不同维度秩序的基础上生成整体，因而，设计策略又表现为一系列合秩序、合逻辑的过程。在本项目中，建立秩序的维度是场地关系、功能需求、建造逻辑、形体逻辑、空间气质、场所感受。

合场地关系的轴线秩序

建筑所处的梯形地段暗示了布局的外部边界，由此推定了建筑基底的基本轮廓。在此基础上，一条斜向贯穿的轴线开启了空间形态的所有操作。雕塑中心是内蒙古师范大学雕塑学院的功能延伸，两者有着紧密的日常联系。基于最短路径的动线原则，设计由雕塑学院向建筑基地延伸出一条斜轴。这条轴，由雕塑学院始，经校园绿地，过门前广场，贯穿建筑整体，直至北端的一条校园路结束。由此，各雕塑车间被轴线所串联，这样做，为列于轴线两旁的雕塑车间获得了均好的地位和出入关系。同时，背着轴线的另一端，它们又可各自开口，完成原料、垃圾的独立出入。当然，对于营造一种氛围，轴线是一种传统的铺陈手段，这种氛围更强调仪式感，成为师生们获得归属感和激发创造热情的秩序来源。

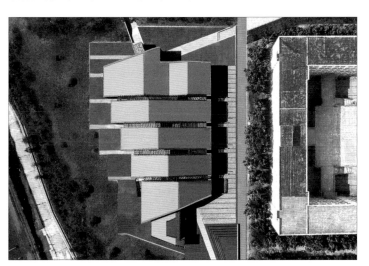

合功能需求的形态操作

构成雕塑中心的主体体量是大大小小的雕塑车间，它们是整体建筑的细胞单元。依照功能要求，这些功能单元长宽不等、高矮各异，形体上是一些不同尺度的盒子。初始的设计操作也就表现为对这些盒子的排列组合：顺基地，沿斜轴错位排列是多种组合中最为自然的一种；盒子间拉开一段间隙，作为各自单元的独立出入口，不占用盒体内的有效操作空间，此段间隙空间被分为两层，底层是防寒门斗、材料库的适当所在，上层是每个车间的办公管理空间。随着功能的深化，盒子作进一步演化：为利于高大空间内空气的热压流动，屋顶呈部分高起并开口，最后，结合屋面的排水功能，整体斜坡屋顶成为最合乎逻辑的选择。

合建造逻辑的结构秩序

另一种重要的秩序来自于建造。高效的使用要求导致雕塑车间内部不宜设柱，建筑总体上又以一层空间为主，故而，轻钢屋面结构成为一种适宜的选择。于是，在基地和形式操作中约定的空间组织秩序的基础上，位列轴线两旁、带有倾斜屋顶的功能盒子做出重新排列。排列的自然结果是：每两个盒子成对相向组合，高起部分相对布置在斜轴两旁，然后，屋面向中间延伸，在斜轴中心处相交，搭起共同的屋脊。这一屋脊下的室内空间正是营造轴线的仪式感所需的核心高度。接下

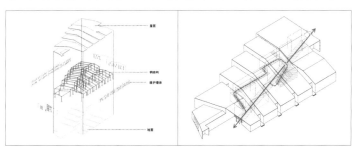

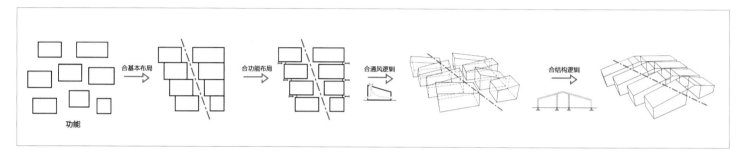

来的建造顺序就显得真实而自然：钢结构桁架立于场地，轻型夹心金属材料覆盖屋顶，墙体围合并划分空间，过程和结果都充满建构感。

合场地关系的轴线秩序

材质与建造有关，也与气氛有关，还与整个校园气质有关。在裸露钢结构真实的建造逻辑下，其他材料亦选择真实的建造呈现。混凝土砌块作为主材用于围护与分隔墙体，其不加修饰的本色呼应了东侧临近学科楼的色调。砌筑时分层嵌入的红砖，增添建筑的水平感和近人的尺度感，在砌块和钢构成的冷灰色的空间中增加些许温暖感，同时，回应了整体校园的红色主调。地面采用气质上一致的水泥整体耐磨地面。为了进一步增加温暖感，在台阶、扶手、休息区地面等部位增加了木质材料。所有这些材料会同钢结构材料本身，共同营造一种真实的性格表情。

合形体逻辑的用光策略

光是另一种材料，是一种可视却虚无的物质，是本建筑格外关注的另一种秩序。设计过程经前述的形态操作后，盒子体内的自然采光，仅靠裸露在外且相对低矮的侧墙开窗是不够的，辅以顶窗采光是必要的策略，更重要的是，设计希望营造一种光环境，一种弥漫的光，

包围着教雕塑、学雕塑和前来观赏雕塑、合作雕塑的人们，激发某种创作热情和读赏兴致。同时设计希望顶窗形成的光影与墙体水平线形成交错的韵律感，从而成为空间的特定背景。为了让光线全天候、全季候地进入室内，落撒到墙地面上，顶光宜为带状且东西走向分布。自然的，这条顶窗带由盒子之间留出的缝隙来承担，势必会强化车间功能盒子的组合逻辑，也必然增加各自的辨识度。由于其垂直于中心轴向空间，必然又强化了轴线空间的节奏感，进而借这种亮度弱化轴线空间的室内外界限，增强整体动线的流畅度。

合场所感受的时间秩序

与光影相伴的是光阴。光阴是一种感受，是与时间有关的一种情绪。携带着时间的流逝，光阴感是建筑能否感染人的另一个独特要素。设计中，着重从三个方面表现时间的秩序：一是借由光影的变化感受四季的更替，和一天中阳光的升落，包括温度的变化；二是真实材质的岁月包浆，它可能缺损，但绝不掉皮，却会圆融；三是空间轴导致体验建筑时的时间变化，有起，有落，有高潮，也有变奏。事实上，光阴感是让建筑充斥场所感的一种另类条件，反过来看，对场所的感知，在空间的围合、识别度的提示和性格的营造下，经由光阴的润色，更容易产生经久的品质。

秩序的变奏

纯粹的秩序会产生体验的单调感，引入变奏是有效的调剂方法，进而增加体验的丰富度。设计中一个简易的变奏便是动线的改变，即，不断让动线游离出既定的轴线。在公共动线中，在设计中两次从轴向空间侧向通向二层，再从另一处导向性极强的光带缝隙下归入主轴空间，还有向一侧开放延伸的安静空间，如入口处的休息厅和沙龙；另一个变奏则是空间围合度的改变，在主轴空间中，借由方形盒子体沿斜轴的错动，产生大小不同的多个空间，空间大者形成高潮，如通向二层的大楼梯处设成休息台阶以示强调，小者不断重复形成过渡，凭靠在一角，面向开放的轴向空间，是理想的领域性空间；再者，形体的转向也有同样的变奏效应，南北两个入口处形体做了秩序改变，尤其南入口一侧的报告厅，经由错动分离出来，围合出一个入口广场，同时也强调了其功能的独特地位。

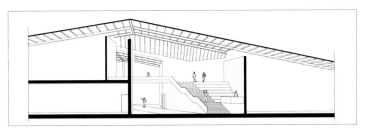

结语

在本设计的所有秩序建构中，线、块是基本操作；形态、空间、结构、材质是后续操作中不能绕开的操作依据；光、时间可以看作是调剂，在本设计中却是必要的养料。无疑，形态、空间、结构、材质、光、时间都遵循各自的逻辑，但又相互关联，无论变与不变，联系和驱使它们独特存在的是建立一种共同的东西，那就是场，场力或气场。这是一种无形的存在，可感不可视，但却可以借助一定的手段来建立，如铺陈、包围，又可借助一些属性强化，如真实、纯粹。轴线是铺陈，动线变奏也是铺陈；入口的形体变奏是包围，室内光环境也是包围；材料是真实的，建构也是真实的；同时，材料纯粹，建构纯粹，光影也纯粹。

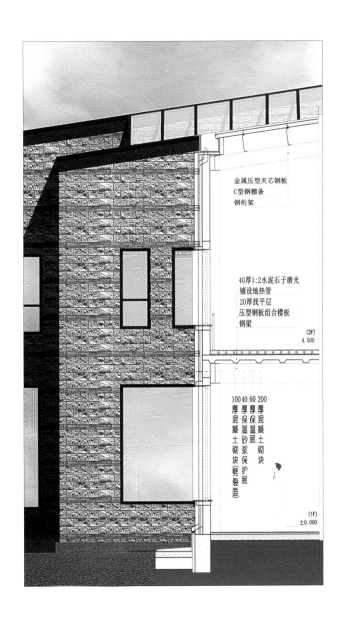

金属压型夹芯钢板
C型钢檩条
钢桁架

40厚1:2水泥石子磨光
铺设地热管
20厚找平层
压型钢板组合楼板
钢梁

(2F)
4.500

100 40 60 200
厚 厚 厚 厚
混 混 保 混
凝 凝 温 凝
土 土 层 土
砌 保 砂 砌
块 温 浆 块
（ 砂 保
剪 浆 护
製 层
面 ）

(1F)
±0.000

注：此文引改自《建筑学报》2018(07):70-71

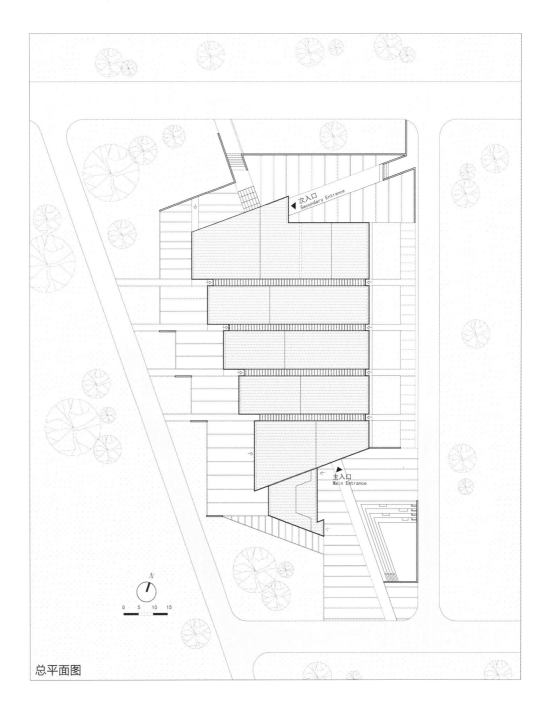

总平面图

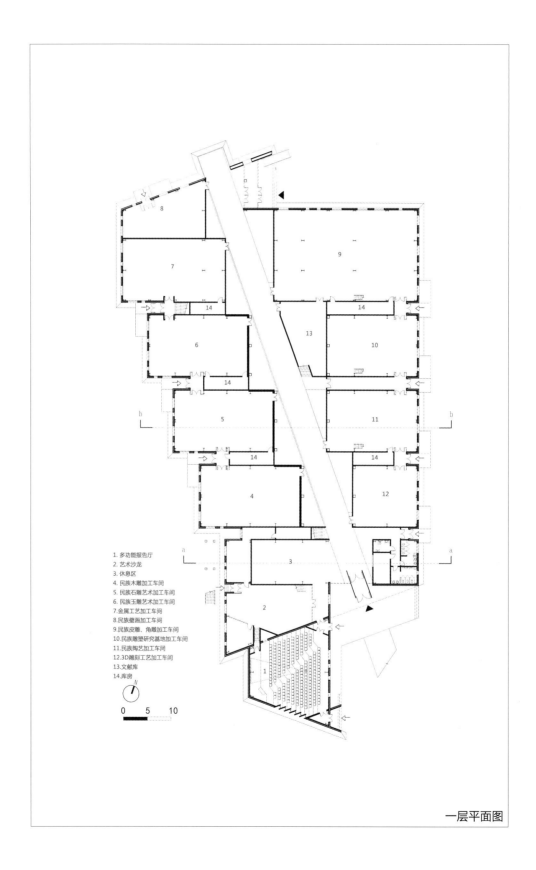

1. 多功能报告厅
2. 艺术沙龙
3. 休息区
4. 民族木雕加工车间
5. 民族石雕艺术加工车间
6. 民族玉雕艺术加工车间
7. 金属工艺加工车间
8. 民族壁画加工车间
9. 民族皮雕、角雕加工车间
10. 民族雕塑研究基地加工车间
11. 民族陶艺加工车间
12. 3D雕刻工艺加工车间
13. 文献库
14. 库房

0　5　10

一层平面图

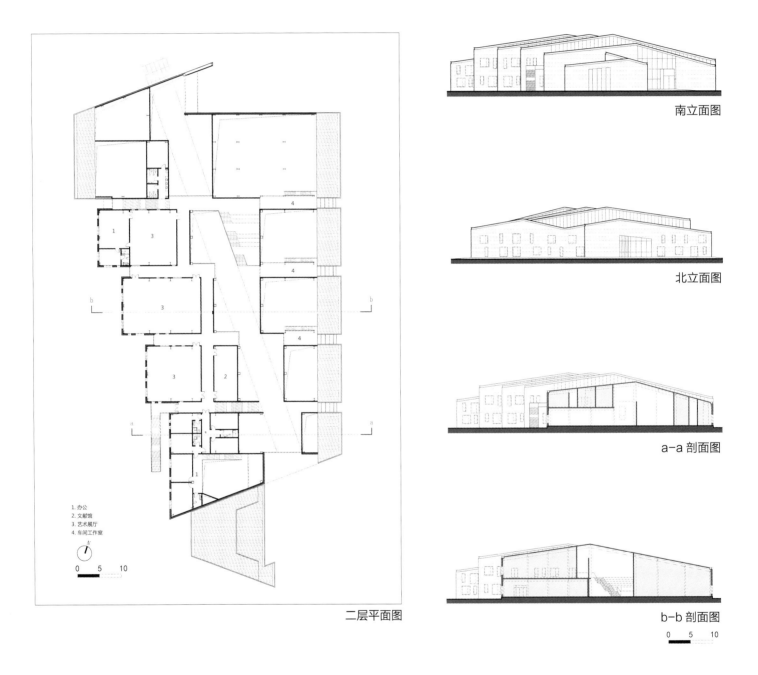

二层平面图

1. 办公
2. 文献馆
3. 艺术展厅
4. 车间工作室

0　5　10

南立面图

北立面图

a-a 剖面图

b-b 剖面图

0　5　10

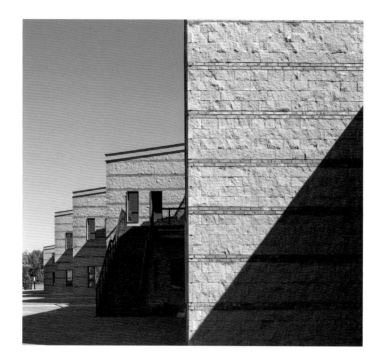

内蒙古九龙湾游客服务中心

Inner Mongolia Jiulong Bay Visitor and Service Centre

地点：乌兰察布市
设计时间：2014 年
完成时间：2017 年
建筑面积：4796.96 ㎡
合作建筑师：贺龙、李鑫、范桂芳
摄影师：张广源、窦俞钧、贺龙、张鹏举

Location:Ulanqab
Design Time:2014
Complete Time:2017
Building Are:4796.96 ㎡
Co Architects:He Long, Li Xin, Fan Guifang
Photographers:Zhang Guangyuan, Dou Yujun, He Long, Zhang Pengju

自然建造:
内蒙古九龙湾游客服务中心设计

九龙湾景区位于内蒙古乌兰察布市境内沿大青山向北
延伸进入山脉深处的一条沟内。建筑设计表现为对场
地中自然形态要素的提炼和整合,其布局和形态直接
来自于场地的自然逻辑:道路走向决定了总图的基本
布局;场地的坡度在体量间自然产生了可登临的组合
关系;进山的"入口"功能和背景的山体走势引导了
建筑的基本形态;在建筑内和建筑屋顶平台看山,修
正了布局和形体的走向;同时充分利用了在地材料资
源——石材。

Natural Construction:

The Design of Inner Mongolia Jiulong Bay Visitor and Service Centre

Jiulong Bay Scenic Area is located in a ditch extending northward into the Daqing Mountains in Ulanqab City, Inner Mongolia. The design is a selection and integration of the natural elements of the site, and its layout and form come directly from the natural logic of the site: The road direction determines the basic layout of the general plan; the slope of the site naturally generates a combination of climbable relationships among the volumes; the function of the "entrance" into the mountain and the mountain trend guide the basic form of the building; the view of the mountain inside the building and on the roof deck of the building corrects the layout and the direction ; at the same time, the local material resources – stone is fully utilized.

游客中心选址于九龙湾景区东南入口处，建设规模约 4800 ㎡，是景区一道重要的管理界线，同时也是游客休憩、餐饮、娱乐的重要场所之一。环境对于建筑的重要性可以说是毋庸置疑的，很多时候，建筑作为一个外来者，更应该俯听环境的声音，从而来确定自身的站姿。鉴于此，对于九龙湾山水意象的解读，就成为游客中心项目设计最为重要的关注点。九龙湾位于呼和浩特市与乌兰察布市交会处，是阴山山脉东段的一条南北向山谷。山谷蜿蜒曲折，其形态宛如九条龙横卧在大青山间，因而得名"九龙湾"，现已成为当地著名的度假景区。

环境意向解读

置身九龙湾，树影娑娑、溪水涓涓，颇有几分细腻，但与江南山水相比，这种细腻却又显得甚为有限。但也不能简单定义为北方的雄厚：干旱的气候与坚硬的地表使得大青山植被稀疏，裸露的岩石尽显了阴山山脉的沧桑。但在山体的背阴面，由于积雪躲避了阳光的直射，得以积存一定的水分，勉强孕育出了成片的乔木；而山后谷底的溪流，在偶尔的雨季也竟能漫过河床的碎石，这鲜有的生机，使夹在大青山南北两重山间的九龙湾硬是构建起一处观山听水的场所，塑造了九龙湾一种独特的山水气质，最终成就了其在当地的盛名。这种感觉，也逐渐让人明白九龙湾那些有限的山水惬意对于北方人的珍贵，以至于即使藏于大青山的深处，还是被人发掘出来，成为当地人颇

为受用的情感寄托与释放之地。在这样纯粹的一处自然环境中，项目该以怎样的方式介入、何种程度介入，决定着设计的基本走向。

对于环境本体的解读可以知道，九龙湾景区的价值，就在于其有别于周边山体的园林惬意，对于这样一处有限的山水来说，人工秩序的介入，似乎是进一步增强山水意境的一个机会，但是，人工手段的强化，是否会在整体环境品相上带来一定的虚假空洞和矫揉造作，这在设计上存在着很大的风险，同时，就现实的气候环境和建造条件而言，似乎也无力支撑起山水意境脱胎换骨般的强化。在这样的情况下，如果能够在有限的条件下，对有限的山水进行有限的梳理，也算是最为务实的途径了。因此，鉴于基地独特的环境特点，设计希望通过尽量平和的方式来完成建筑的介入，与环境形成合理的契合关系，并在有限的建造条件下，通过适宜的方式形成建筑的基本品相。因而，不藏不显，在地野筑，逐渐成为设计基本的出发点，并贯穿于设计的始终。

望山

从环境的构成上讲，场地周边的山景始终占有绝对的主体地位，因此，建筑的介入，更多地是在于重构望山时的场景：或于建筑望山；或望建筑于山。当这种看与被看的视线关系在场地中被逐渐厘清时，建筑的总体布局关系也就自然地被呈现。

首先，内凹外凸的建筑形态成为基于望山的一种主要布局逻辑。场地由三座山体所围合，山势各自向下延伸，交会于此，挤出一片较为宽敞的坡地，同时也使谷底的道路在此交会，形成一条三岔路，并将场地分割成为三部分。游客中心的整体布局就此也分为三个独立的建筑体量，各部分体量均以一种内凹外凸的方式，分别由基地内的三岔路逐渐向山的方向展开，这样一种布局特征与建筑的功能配置有一定的关系，但更重要的，还是一种基于山与建筑的对话：

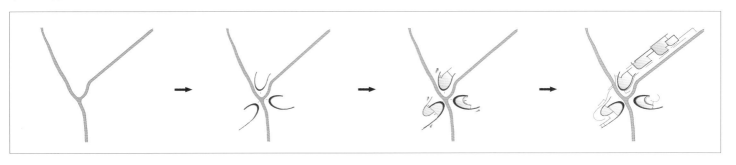

内凹的形态使建筑面向山体充分打开，更多的山景被引入建筑内部，望山的行为与建筑的内部空间得以发生关联，同时，展开的建筑以片墙的方式继续向远处延伸，模糊了建筑与环境的边界，形成了较好的融合感。外凸的建筑形态成为游客中心外部环境的主要构成界面，从场地中心向外望去，建筑始终以一条平滑的直线附于山体的底部，在不干扰山体轮廓的前提下，重构了另一种山景的姿态。

同时，建筑的主体部分以一种退台的方式进一步诠释了望山的建筑生成逻辑。场地地势具有一定的高差，整体呈北高南低、东高西低的姿态，以约15°的斜坡一直延伸到远处山下的河道边。为了保持较为纯粹的自然性，除细微的场地平整工作外，设计并未对场地进行大规模的重塑，而是基于原始场地的高程设置了不同的功能出入口，根据建筑的室内外高差和建筑层高要求，建筑自然而然地产生了不同高度的退台关系。然后，进一步结合地形关系，在建筑与道路、道路与停车场之间分别设计了拾级而上的平台交通，并将建筑屋面延续为外部空间一处重要的观景平台。退台与坡地一体化的景观体系在扩展相对紧张的室外场地的同时，开辟了望山的一个全新的视角。

建筑南侧的两个体量在延续与地形相呼应的关系的同时，并未强化屋面的观景功能，而是以一种斜向升起的轮廓，在场地的入口处形成了相互对峙的关系，强化了景区入口意义的同时，对景区入口处望山的取景方式和景观层次进行了重新的限定。

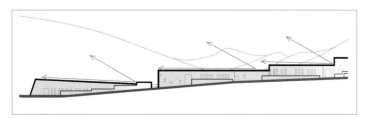

借石

九龙湾山体表面的覆土层较薄，因而到处可以看到裸露的岩石，岩石滚落，使谷底遍布了大量形状不一的石块，石块间夹杂的泥沙孕育出无数不知名的花草，共同构成了谷底景观的基本肌理。由于其他建筑材料高额的购买成本和运输成本，附近的民居多采用谷底的石块作为主要的砌筑材料，虽然出发点并没有关注过建筑的形象，但从最终的结果来看，这些民居的建筑质感与周边的环境肌理构成了非常统一的画面。这样的建造方式与项目设计在地野筑的介入原则不谋而合，不仅解决了材料购买成本和运输成本的问题，同时通过一种较为恰当的方式实现了建筑的介入。因此，设计沿用了当地民居石墙的砌筑工艺，将这些随处可见的石块作为建筑外墙的主要材料，并结合保温和结构等技术要求，形成一种夹心保温外墙的砌筑方式。

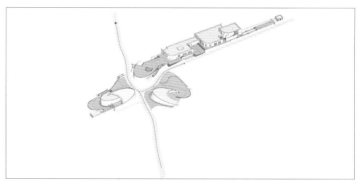

由于石块的砌筑特点，石墙面的开窗宽度受到了技术上的限制。因此，开窗的宽度自然地控制在了一定的范围，这样的结果又与周边的民居在某种程度上达到了某种形式上的契合。窗过梁通过框架梁的混凝土挑耳来实现，避免了普通的一字形梁超出窗洞两端，造成窗户两边墙面上混凝土的裸露，而挑耳的窗梁在平面上呈凸字形，将超出洞口的部分隐藏。只在洞口上方保持出挑。出挑部分裸露的混凝土也通过钢板窗套的方式得以掩饰。经过风雨的洗礼，点缀在墙面上的钢板慢慢生出锈迹，渐渐与石头形成相近的色相，更好地完成与自然肌理的相融。

由于墙体的砌筑工匠均来自于附近的村民，因此，在砌筑工艺上，设计并没有通过过多的把控，来刻意地追求墙面的平整度，而是顺应工匠们最熟悉的砌筑手法，完成了整个建筑墙面的砌筑，希望通过墙面上熟悉的砌筑痕迹，减少建筑的外来感，传递出建筑的在地性。

结语

九龙湾的山水似乎很难用文字来定义它的品相，建筑的品相也是如此。但是，品相的传递原则却一直是清晰的——不藏不显、在地野筑。在这样的原则下，建筑的形式结果似乎无须刻意地关注和焦虑。望山、听水、借石就成为建筑秩序的主要生成依据，建筑通过以上的策略，完成了对于九龙湾山水的回应。从最终的结果来看，似乎也正是基于这样的生成策略，九龙湾的山水意境被自然而然地渗透到建筑之中，散发出了熟悉的品相。

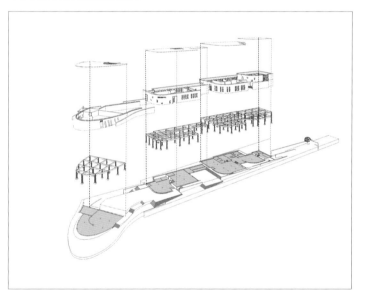

注：此文引改自《建筑学报》2019(07):86-87

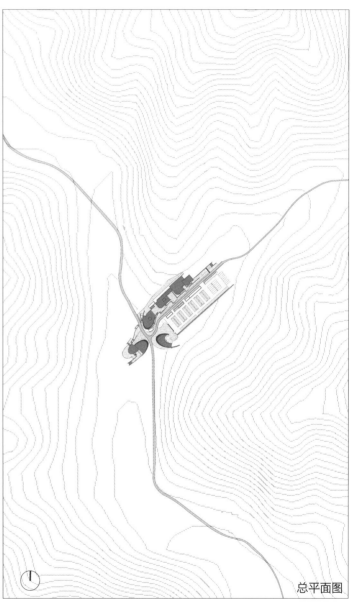

总平面图

西立面图

南立面图

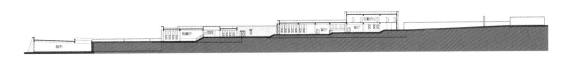

剖面图

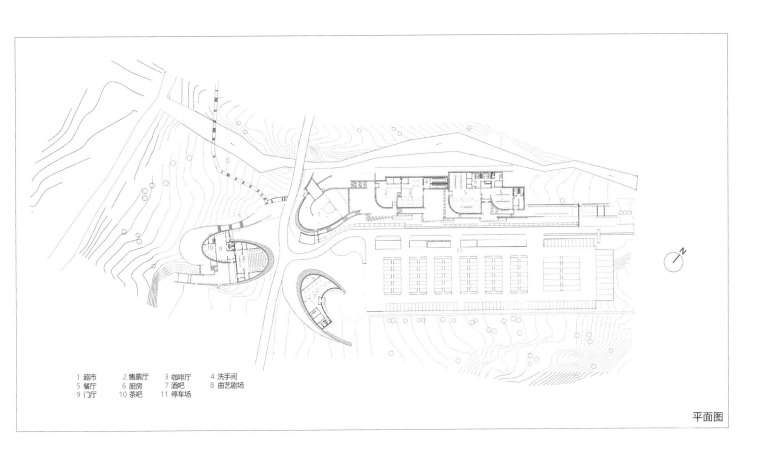

1 超市　　2 售票厅　　3 咖啡厅　　4 洗手间
5 餐厅　　6 厨房　　7 酒吧　　8 曲艺剧场
9 门厅　　10 茶吧　　11 停车场

平面图

蒙京津冀青少年生态基地科普馆
Inner Mongolia, Beijing, Tianjin and Hebei Youth Ecological Museum

地点：锡林郭勒盟多伦县
设计时间：2019 年
完成时间：2022 年
建筑面积：1400 ㎡
合作建筑师：王丹、白瑞卿
摄影师：张广源、窦俞钧、张鹏举

Location:Duolun, Xilingol
Design Time:2019
Complete Time:2022
Building Area:1400 ㎡
Co Architects:Wang Dan, Bai Ruiqing
Photographers:Zhang Guangyuan, Dou Yujun, Zhang Pengju

蒙京津冀青少年生态基地科普馆
Inner Mongolia, Beijing, Tianjin and Hebei Youth Ecological Museum

形式选择：
蒙京津冀青少年生态基地科普馆设计

项目位于内蒙古多伦县一处治理见效的沙漠中，功能是关于生态治理的成果展示与科普教育。设计是处理气候、地形、地质等在地条件以及个性、体验等多维需求的综合表现。设计过程表现为面对众多因素和策略的选择：应对场地的布局选择，应对地基的建造选择，应对气候的界面选择，应对风貌的材料选择，应对体验的动线选择。某种程度上诠释了设计即选择，选择的适宜性和依据的充分度决定了建筑的品质。

Form Selection:
The Design of Inner Mongolia, Beijing, Tianjin and Hebei Youth Ecological Museum

The project is located in a desert under effective control in Duolun County, Inner Mongolia, and its function is to display the results of ecological control and provide popular science education The Design is a comprehensive expression dealing with local conditions such as climate, terrain, and geology, as well as multi-dimensional needs such as individuality and experience. The design is manifested in the selection from many factors and strategies: the layout selection to the site, the construction selection to the corresponding foundation, the interface selection to the corresponding climate, the material to the style, and the dynamic line to the practice. To some extent, it explains that design is section, and the appropriate selection and the adequate basis determine the quality of the construction.

对于建筑形式的产生，相比于创作和操作，更倾向于选择。创作强调从无到有，操作重视过程，而选择关注依据。我们一贯表达形式的生成逻辑，但同时认为，建筑形式的生成不会呈现机器设计般必然导出的线性逻辑，多种可能的结果与依据之间会呈现弱联系，甚至不确定，设计过程需要反复考量选择的适宜性和依据的充分度。

蒙京津冀青少年生态基地科普馆位于内蒙古多伦县一处治理见效的沙漠中，项目由内蒙古团委倡导，联合京津冀三地共青团共同发起并实施，功能是关于水土保持、生态治理的成果展示与科普教育，建筑面积 1400 平方米。该项目设计面临气候、地形、地质等特殊在地条件以及风貌、个性、体验等诸多表现问题，自然，这些问题成为建筑形式选择的核心依据，而问题的定性、矛盾时的弃留以及解决办法的统合就是设计思考的主线。

应对场地的布局选择

场地呈不规则形，南北跨过 1：4 左右的纵坡。建筑布局的选择显然来自体量与坡地的适宜关系。基于项目规模，建筑位置大致可有坡顶、坡底和坡上三种选择，分析认为：建筑置于坡顶，体量在整体环境中显得突兀，且冬季受寒风影响较大；建筑置于坡底，体量完全隐藏则不易引导人流，且雨季面临被淹的风险。两种布局均受制于各自有限的平坦用地，对于邻接的沙坡，或悬临或切入，都不能忽略提高松软沙土抵抗和被抗能力的加固工程。设计选择将建筑直接置于坡上的第三种布局。此举另有多维考量：首先是坡度和景观视野的具体经营，场地整体的坡度缓急有别，建筑位置选择在坡度较为平缓的远端，从进入园区的视野看，建筑处于半隐匿状态，前行时，随路径的延展，藏显不断交替直至显露，整体以多种视觉关系与自然交融；其次是使用者的动线考量，整个园区的动线是从坡上进入，导向坡底更宽阔的场地，建筑贴于坡上可促成内部动线与下坡路线互兼，将建筑演变为园区的一个门户，顺此，自然形成

另一条旁附于建筑外侧的室外下坡路径，不同的是，这条路径可顺势得到建筑出檐的遮护。

应对地基的建造选择

场地由沙土构成，经过多年的水土治理，坡上已有浅层植被覆盖，比之初始的稳定性已有不少改善，但选择适宜的固沙措施仍然是建造的首要问题。设计摒弃先固沙后做基础的常见做法，寻求一种省功省钱的一体化措施。在实测了沙土的实际承载力后，设计比较了桩、筏板和条形基础的利弊，考量了建造便利和综合造价等因素，同时受当地一种阶梯式砌袋固沙方式的启发，最终选择了水平布置的条形基础。在这一选择下，沿坡的水平退台条基形成不同高度的功能底界面，顺势完成沙坡上下的高差过渡。由此推知，主体结构选择的重要依据是减荷，在比较了木结构和轻钢结构的造价和抗风性能后选择了后者；接下来立柱的形式是本案的核心，设计选择密柱小间距取代常见的少柱大跨度，密柱分散了屋面的荷载，直接落于条形基础而非常用的独立基础上，此举的结构逻辑反过来表述即是，钢柱的数量和位置以条形基础除挡沙固沙外剩余的承载能力为选择依据，故，密柱成行不成列，在室内形成密而通的效果，犹如置身密林之中，形成特定空间氛围；屋盖的选择同样以轻为要，舍掉多余构件，以极简的形式对应着自然地貌。

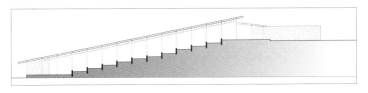

应对气候的界面选择

当地的气候是风大沙多，冬季漫长寒冷，夏季短暂炎热。建筑设计既要避风寒、挡飞沙，又要对阳光实施避用兼顾的策略。在选择阳坡的布局时已奠定了应对气候的基础。继此，气候界面的形式成为选择重点：对于垂直界面，设计在南向开大窗，冬季接纳阳光，夏

季通过出挑屋顶形成对阳光的遮挡,西北向选择为少开洞的大面积
实墙;与之匹配,内部紧贴西北侧界面布设了辅助空间,补强了外
墙体对大空间的保温作用;对于气候界面中的屋面,设计选择倾斜
的平顶,除了能够呼应斜坡形态,还出于避免风沙淤积的考量,为此,
设计舍掉了设置天窗导入阳光的做法,让风沙在屋面不受阻碍地滑
过;对于建筑最易受冷空气侵袭的出入口,设计选择挡和引的策略,
尤其是坡上的北向主入口,布置一片 3m 高的长墙,遮挡区域不受
寒风的影响,同时导走风沙,创造了微气候环境。上述一系列界面
形式的选择从更为积极的意义上看,南向大窗兼顾了此处空间的最
佳视野,坡底处出挑的屋檐在遮阳避雨的同时,改善了底部平台的
户外活动条件;长墙营造了入口处的领域感,其穿建筑而过伸向两端,
向内,引导了人流,向外,指向了远处小山上园区的标志物,建构
了整体视觉联系。

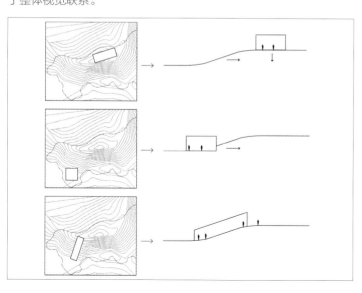

应对风貌的材料选择

在一处自然环境中建造,虽然基于场地条件的形态生成是设计的主
要逻辑,但超出物理形式的风貌引导亦是客观之需。在本项目设计
中,材质是表现风貌的重要素材,决定着形态的性格走向。定位为
自然、有机的风貌塑造,使用天然材料最为奏效。于是,在地的石
头、沙土及木材成为选择重点,北侧的长墙以草原上的一种山皮石
自然垒砌,不施任何工法工艺,类同于当地随处可见的羊圈和围墙;
背向阳光的实墙面采用一种用场地沙泥自制的混合材料,其与沙漠
相接,产生一种生长于此的感受;南侧立面除玻璃面外使用了与环
境天然相融的木质材料,因其极易获得时间的痕迹,经历岁月后,
色泽更为和谐,更易物化为建筑的表情。这些木墙、沙土墙及石墙
均顺势延伸至室内空间,形成一种内外连续的体验感。木制材料还
延伸至室内顶面,倾斜的屋顶极易形成笼罩效应,也因此更易将木
质的温暖渲染成整体的氛围,有效消解漫长冬季的寒意。顺提一下,
风貌的另一个表现则应是现代感,设计赋予自然材料以简明的建造
逻辑和组织逻辑,形成彼此直接相遇、相撞又相融的简约性格。加之,
现代结构的裸露和几何现状的呈现,内视建筑,力图开放而透明,
远观建筑,整体则像一块矩形飞毯浮于坡上。

应对体验的动线选择

为儿童而建的空间,一种特定的场所体验作为设计目标将进一步引导
形态的性格。对此,动线的经营成为设计重点。大关系上,室内外动
线随坡就势,在中部互动,又在南端的室外平台处汇合,形成完整的
动线闭环。进入建筑内部,空间被高低长短的墙体分割、包围,又被
林立的柱子渲染、纯化。设计微调屋面角度,让视线从北侧顶部一
直俯视,望向南端底部的室外环境,这种初始一目了然的视线联系,
引导儿童由高而下,顺此,在不同标高处依次营造时间节点,时而开
阔时而封闭,时而明亮时而幽暗,在不经意间不断与自然的光、景相
遇,丰富的体验被瞬间升华,行进中,视线与身体相互牵动,感官不
断聚焦、离散,在曲折迂回间强化了儿童的体验。随着地面标高的进

一步变化，形成了夹层空间，身体由墙体的水平引导转为垂直挤压，在此，原本自上而下的动线会形成回流，也形成驻足停留的观景平台，还促成了架于主通道上方的连桥——一处悬于上空、去掉依凭的趣味驻留点，进一步调动了身体的多维感知。整体上，动线的这种特征由落坡的高差经营所致，主线结构清醒，易于识别，副线不断向外游离，又在不期处回返，以空间的高趣味性匹配儿童的强探索欲。

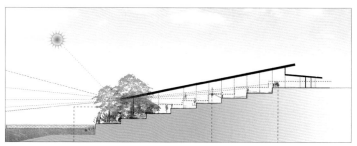

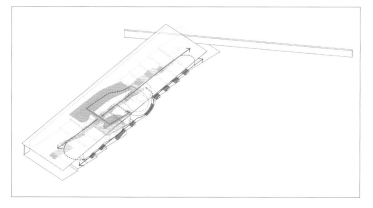

结语

某种程度上，设计即选择。以上，地形、气候、风貌、体验，或作为背景或作为目标，籍由它们，选择并导出了布局、界面、材质、动线等建筑形式的不同表现维度。这里需要指出，设计本是一种综合，选择的适宜性和依据的充分度需要反复统合才能达成，也即，解决相关问题选择的策略并非独立发挥作用，统合才能获得最大效能。在本项目设计过程中，众多依据的选择无疑都经过统合，产生的策略都注重兼顾彼此。如，位置的选择同时兼顾了气候、地基稳定性、环境融合以及儿童体验，又如，结构选型同时兼顾了地基承载力、造价、建造速度以及空间氛围、建筑风貌等等。这种基于统合的选择，是达成建筑形式简明、顺畅、绿色的必然手段。最后，需再次言明的是，选择形式与创作形式、操作形式并不矛盾，是设计过程的不同侧面和不同阶段，互含又互成前因，只是，此处谈"选择"直接指向建造目标，其结果希望：操作有方向，创作有依凭。

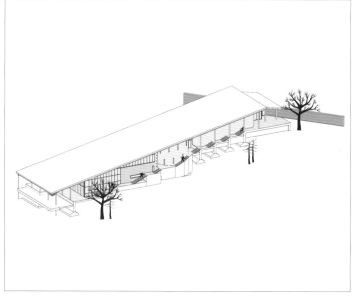

注：此文引改自《建筑学报》2022(11):36-40

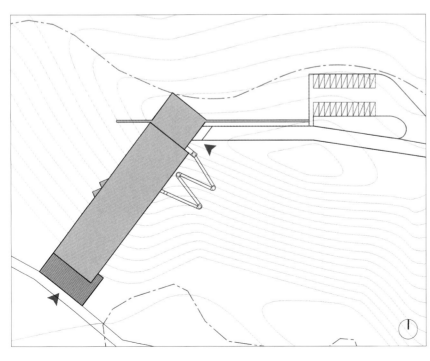

总平面图局部

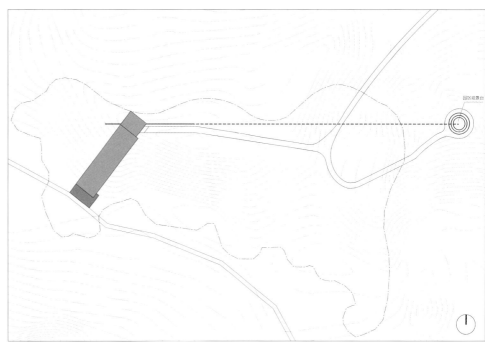

总平面图

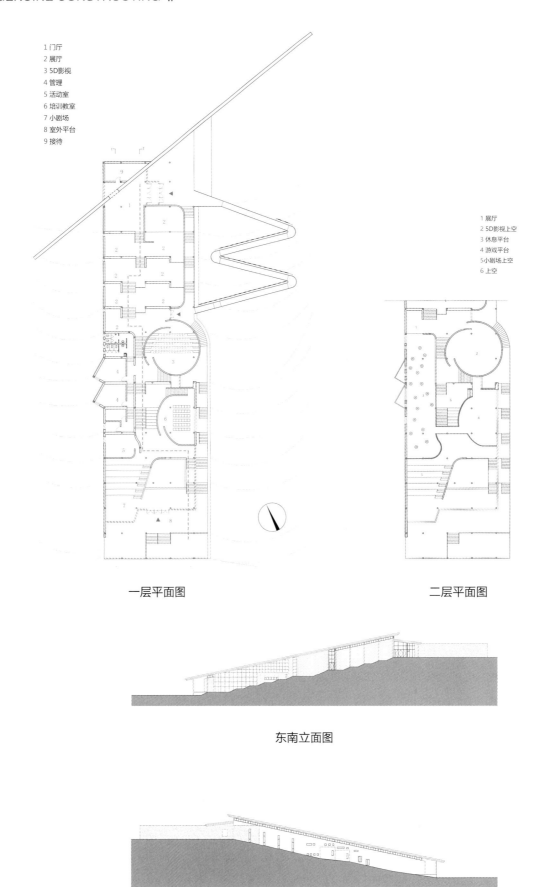

1 门厅
2 展厅
3 5D影视
4 管理
5 活动室
6 培训教室
7 小剧场
8 室外平台
9 接待

1 展厅
2 5D影视上空
3 休息平台
4 游戏平台
5 小剧场上空
6 上空

一层平面图　　　　　　　二层平面图

东南立面图

西北立面图

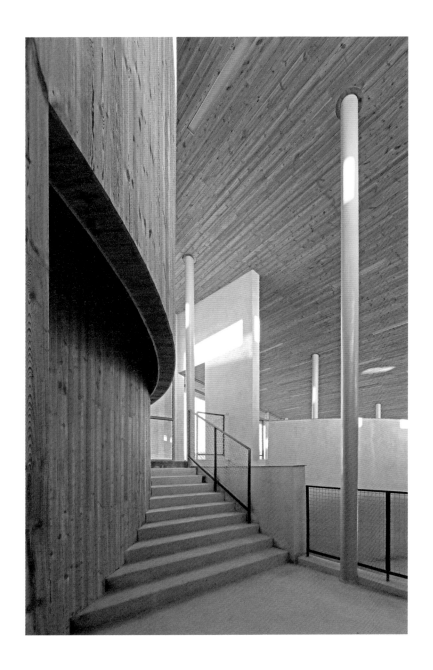

内蒙古工业大学创新实验中心

Innovation Experiment Centre of Inner Mongolia University of Technology

地点：呼和浩特市
设计时间：2018 年
完成时间：2021 年
建筑面积：5966.07 ㎡
合作建筑师：贺龙、李鑫、赵智勋
摄影师：窦俞钧

Location:Hohhot
Design Time:2018
Complete Time:2021
Building Area:5966.07 ㎡
Co Architects:He Long, Li Xin, Zhao Zhixun
Photographer:Dou Yujun

形态操作：
内蒙古工业大学创新实验中心设计

项目位于校园内建筑馆北侧，是建筑馆功能的延伸，属于建筑馆三期工程。设计强调形态的生长和生成过程，一方面来自建筑馆形态的时代性生长：结构上从砌筑到装配，材质上从厚重到轻盈，绿色属性上从被动的自然作用到主动的空间干预；另一方面来自校园用地和功能定位的物理性生成：用地约束形成方盒子体量，场地动线形成入口，路径垂直延伸至内部，组织了各功能空间，最后经由错层通风、空井拔风等绿色策略生成了整体。

Form Operation:

The Design of Innovation Experiment Centre of Inner Mongolia University of Technology

The project is located on the north side of the Architecture Hall on the campus, which is an extension of the function of the Architecture Hall and belongs to the third phase of the Architecture Hall. The design emphasizes the development and the formation. On the one hand, it comes from the contemporary development of the form of the Architecture Hall: from masonry to assembly in structure, from heavy to light in material, from passive natural action to active spatial intervention in green properties; on the other hand, it comes from the physical formation of the campus site and functional positioning: the site constraint forms the square box volume, the dynamic line forms the entrance, and the paths extend vertically to the interior to organize various functional spaces. Finally, the whole is formed by green strategies such as staggered ventilation and empty shaft ventilation.

很多设计的开始，往往是从纷杂的可能性中抽取一个稳定的发展方向和框架，然后在这个方向和框架下，再探究设计的二级可能性。如果设计足够复杂，不排除依此方式再延伸出三级可能性的设计探讨。

内蒙古工业大学创新实验中心的设计过程，是在前期整体考虑各方设计因素的条件下，首先确定了以一个方体作为对外部环境因素的基本回应，在此基础上，通过平面切分、结构错层、置入风井、皮骨建构等方式，对方体的基本形态进行二级可能性的空间操作探讨，进而完成了对设计问题的全面响应和空间内涵的自然升华。

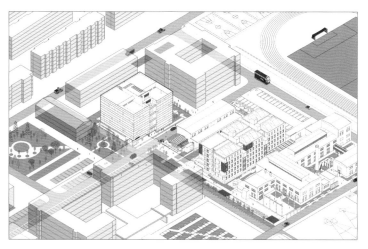

方体——设计的原始切入
创新实验中心项目位于内蒙古工业大学校园内，属于建筑馆的第三期建设内容。项目的建设旨在完成对建筑学学科下设的各类实验室进行重新的集中和整合。设计之初通过对项目整体的梳理和分析，很快便形成一个清晰而稳定的设计方向：建筑应通过一个方体的基本形态，来统一回应场地、功能等现实需求。具体原因如下：

（1）项目场地有限，但功能容量需求较大，在完成场地退线和建筑高度控制分析后，设计认为一个紧贴设计退线和建筑高度控制线而自然生成的最大化的方体空间，是满足建筑功能容量最直接的手段；

（2）对于实验室本身的功能属性来说，一个宽大方正的空间最契合实验设备高效灵活的布置需求；

（3）内蒙古工业大学校园建成年代较早，校园建筑整体较为陈旧，

在下一步校园散点式的建筑生长过程中，校方预期在历史感较强的校园环境中，凸显一批有一定时代性和标志性的建筑物，以此和旧有建筑形成一种年代跨度上的差异，反映学校历史积淀的同时，带来一定的时代朝气。在此背景下，同时考虑项目有限的资金投入，设计认为方体是在规避投资超额风险的情况下，借助其形体特有的现代简洁属性来彰显时代性格最理性而有效的手段。

至此，项目宏观的发展方向已经明确，设计开始转向对方体具体空间设计潜力的挖掘阶段。进一步分析可以清晰地看到，方体的形体手段，使有限的场地勉强承载了任务书中高容量的功能需求，但如何让方体能从容地兼顾空间的高效、流线的顺畅、结构的合理、能耗的节约、体验的愉悦等矛盾，依然是设计需要面对的难题。问题的多重与交织，让冗余和矫作的设计手法顿时失效，反而激发出设计对于功能、形式与结构一体化操作处理的追求，进而演化出一条清晰的空间生成路径。

纵向平面切分
首先，面对基于场地退线生成的方形平面，设计的第一步操作是通过纵向的平面切分，在平面中部集中布置了南北贯通的建筑公共服务空间（公共交通、卫生间、管井等），平面东西两侧除一层局部留作门厅，其余空间全部被解放出来用作实验室。

这样看似简单的划分方式，实则是在多方案比较之后谨慎确定的一步操作：公共服务空间居中集中布置，不仅减少了疏散距离和交通

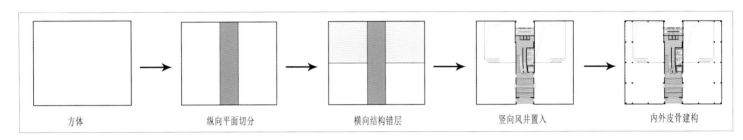

| 方体 | 纵向平面切分 | 横向结构错层 | 竖向风井置入 | 内外皮骨建构 |

面积、提高了实验室的得房率，也使平面结构形式在满足两侧实验室空间跨度要求的同时，在结构受力上更为均衡，减小了大柱跨带给结构上的挑战难度。另外，公共服务空间选择南北向布置，除实现了自身和两侧实验室空间上的南北通透之外，更大的意义在于让下一步的设计操作成为可能。

横向结构错层

实验室空间单元为了面积的最大化，平面进深基本上由南北退线控制生成，虽然设计上保证了南北通透，但面对超大的空间进深，建筑通风的问题仍需重点关注。

除此之外，项目所在地虽属我国北方严寒地区，但建筑夏季防热问题仍需关注。当地建筑常常为了应对夏季短暂的伏天而被迫安装空调，一年只使用一个月左右，运行成本虽低，但一次性设备资金投入却不容忽视。从建筑师角度出发，单依靠被动式的空间手段，不一定能够完全解决冬季防寒问题，但如果通过合理的空间手段，让此类地区的建筑在夏季能保证良好的自然通风，从而避免纠结是否安装空调的尴尬，倒不失为一件更具现实意义、更能体现被动式绿色设计价值的实事。

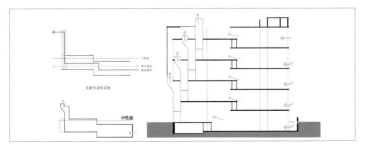

鉴于以上两点，项目作为创新实验中心，设计希望让建筑本身成为最大的实验装置，在研究地区建筑空间通风效率方面，有一定的实验性探索。

因此，在竖向平面切分的基础上，设计接着对两侧实验室空间单元进行了横向结构错层的操作处理，从而得到一个南高北低、南北贯通的空间单元，这一空间策略源于炎热地区的空间设计经验，理论上也符合通过改变空间剖面形态，提升中性面，加强空气热压通风的原理。同时，错层的空间策略让建筑北半部分下沉，形成了半地下的实验室空间，从而在建筑顶部有机会再增加一组实验室功能房间和与之连通的屋顶室外实验场地，进一步提高了功能性房间的数量。

竖向风井置入

在横向结构错层的基础上，设计同样利用提升中性面的热压通风原理，在建筑公共服务空间南端，依次置入了三组独立的两倍层高的风井，并分别与建筑二至四层的实验室空间单元连通，使建筑主要

空间单元依靠风井的拔风作用，让通风效率得到进一步的提升。三组风井前后相错，每一组风井都可通过南向太阳辐射直接得热，为热压拔风创造更多负压动力。风井北向侧壁用半透明的阳光板封闭，实现了阳光透过井道对中厅空间光线上的补充。除了南向的间接光线，中厅空间的光线更多源于顶部的天窗采光，塑造光影的同时，也让中厅空间作为另一种形态的风井，对公共空间和一层实验室空间单元的通风效益起到加强作用。

内外皮骨建构

完成以上三步核心操作，设计从空间结构一体化的角度再次回归于建筑平面，在不影响实验室使用效率的前提下，分别在平面东西两侧布入两排柱网，让建筑从西向东依次形成小－大－小－大－小的跨度格局，进一步优化结构空间的同时，一定程度上也对实验室区域进行了空间格局的限定和使用方式的引导，从而让建筑的整体骨架更加趋于结构理性和空间理性的融合与统一。

骨架的独立与完整，诱发了围护系统游离的存在状态，从而让建筑的内外构成自然转化为一种皮骨互依互立的建构关系，基于这样的建构关系，同时考虑方体的时代感，设计最终选择了一种类玻璃幕的表皮做法。选择这种做法，还有一个更深层次的原因，就是设计对于实验室内部空间光线控制的考虑：实验室大层高、大进深、大面宽的空间特点，导致外墙必须全面打开，才能保证室内光线的整体亮度和均匀度，而全玻璃包裹是回应上述光照需求最直接有效的做法。在玻璃的细节处理上，设计通过双层玻璃，内夹特制的白色絮状保温材料的做法，在保障外墙节能技术要求的同时，又使室外光线经玻璃的过滤变得均匀柔和，进而形成舒适宜人的室内光环境。

空间呈现

空间呈现作为一种结果，是最易被人关注的一面，某些时候甚至成为个人评判喜恶的唯一标准。但这种压力并未让设计甘于"刻意"地干预空间的呈现结果，而是潜心于对具体问题的回应，在回应的过程中让空间趋于一种"自然"的呈现状态。

虽然说方体本身就是设计对结果呈现的一种先期预设，但在进一步的设计过程中，设计并没有拘泥于方体的完整性，内部系列的空间操作不同程度地对现代简洁的方体表皮形成了冲击，从而导致完整的表皮发生了局部的变异，让人从外部空间便能自然地捕捉到建筑

内部空间的构成关系。同时，冲破建筑表皮裸露于外部环境的建筑语汇，又自然地与旧有建筑的红砖、铁皮等材料语言发生了同化，从而在表现新旧建筑年代跨越感的同时，又保证了新旧建筑的历史延续性。同时，被同化的材料语言借助空间建构的组织逻辑，又顺利地传递到建筑内部，进而使建筑内部空间也自然呈现了两种时代感的材料互相交织的空间状态。不同材料语言的组织逻辑，自然地强化了建筑空间体系、结构体系和维护体系的建构关系。从而实现人们在空间体验的过程中，通过视觉识别的方式便能清晰地感知到空间本体的组织逻辑和建构内涵。同时，这种"自然"的呈现在公共服务空间的空间特征上亦有体现。出于空间效率的考虑，建筑所有的公共服务空间集中于平面中部的南北夹缝中布置，而这种集约的布置，又恰恰定义了公共服务空间狭长窄高的空间特质。这样的空间特征与日本町屋文化下的狭长主义建筑空间特征非常相似，但这种相似并非源于形式的模仿，而是在于其背后如出一辙地形成逻辑所导致的"自然"相似。

另外，对于实验室功能单元的空间塑造，设计更是全面放松，完全遵从热压的通风原理和结构的理性布置，自然地生成了错层的空间形态和柱网限定下主次空间的使用格局，从而定义了实验室功能单元独有的空间特色。

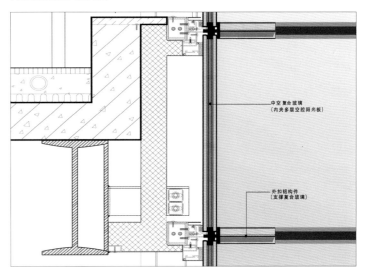

中空复合玻璃
（内夹多层空腔阳光板）

外扣铝构件
（支撑复合玻璃）

注：此文引改自《世界建筑》2021(07)：114-119

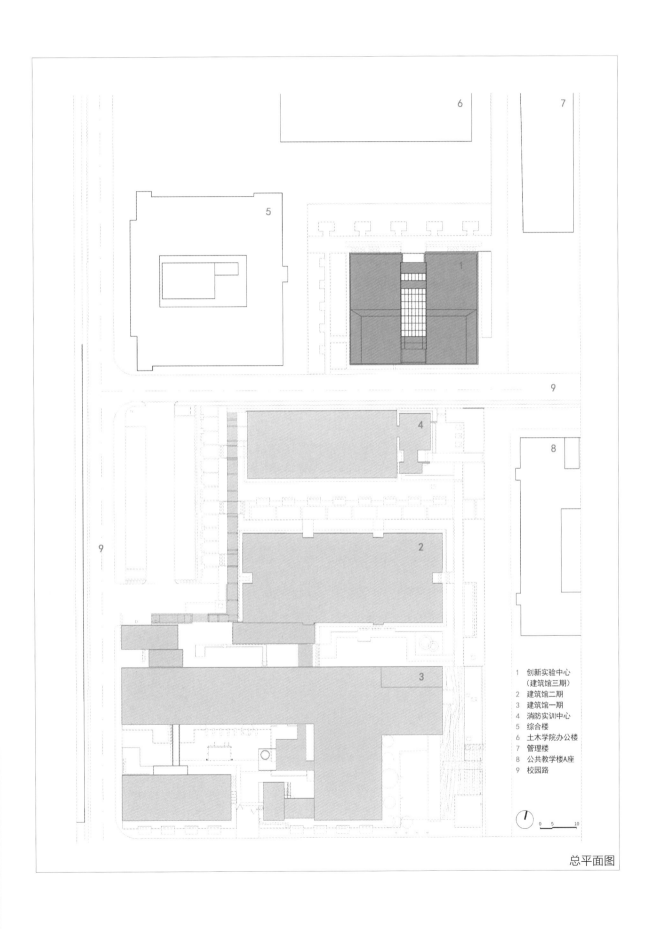

1　创新实验中心
　　（建筑馆三期）
2　建筑馆二期
3　建筑馆一期
4　消防实训中心
5　综合楼
6　土木学院办公楼
7　管理楼
8　公共教学楼A座
9　校园路

0　5　　10

总平面图

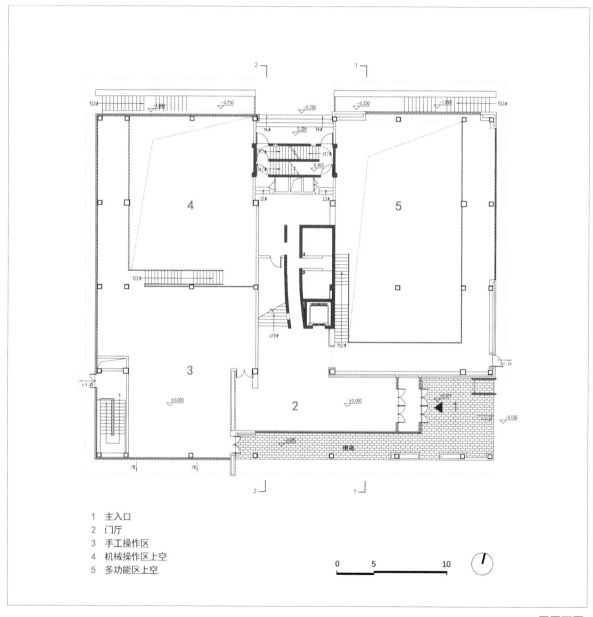

1 主入口
2 门厅
3 手工操作区
4 机械操作区上空
5 多功能区上空

0   5   10

一层平面图

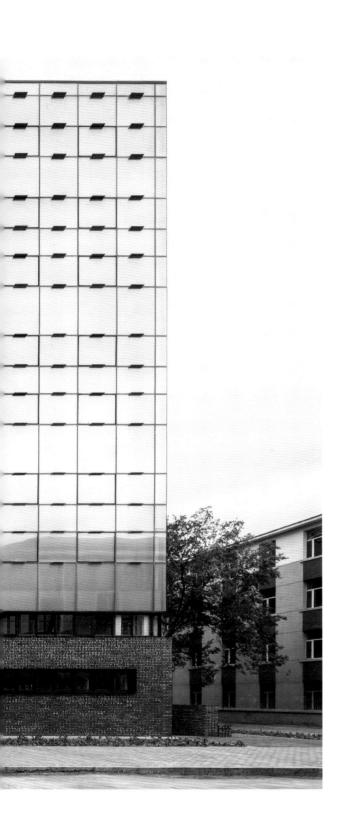

标高 3.010 平面图

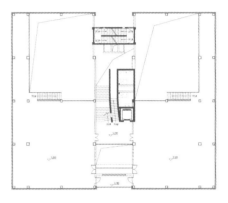

标高 5.200 平面图

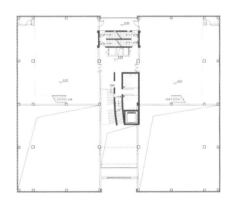

标高 8.210 平面图

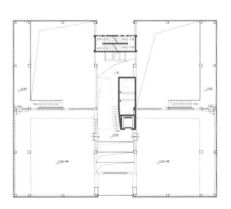

标高 20.800 平面图

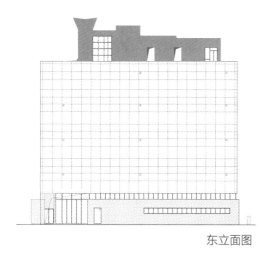

东立面图

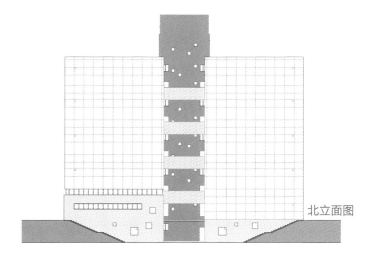

北立面图

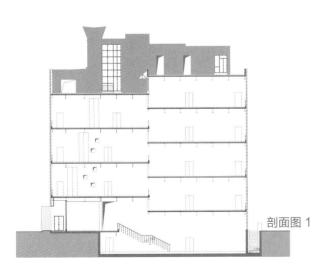

剖面图 1

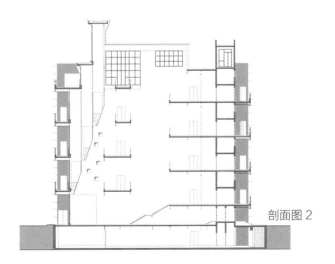

剖面图 2

内蒙古西部实训基地
Inner Mongolia Western Training Base

地点：乌海市
设计时间：2014 年
完成时间：2017 年
建筑面积：101036.98 ㎡
合作建筑师：曹景、李国保、张恒、申磊、郝建峰、张星尧、王宁、魏新、杨耀强
摄影师：窦俞钧

Location:Wuhai
Design Time:2014
Complete Time:2017
Building Area:101036.98 ㎡
Co Architects:Cao Jing, Li Guobao, Zhang Heng, Shen Lei, Hao Jianfeng, Zhang Xingyao, Wang Ning, Wei Xin, Yang Yaoqiang
Photographer:Dou Yujun

经验与体验：
乌海市黄河化工厂一期工程改造设计

项目由内蒙古乌海市废置的黄河化工厂改造而成，改造设计的核心在于营造一处具有记忆价值的特定场所，成为城市公共空间系统中特殊的组成部分。设计通过串联场景组织动线，让路径为感知而生；通过延续既有材质凸显表皮性格，让质料为表情而选；通过设置互动领域增加感知强度，让界面为行为而设；通过改变任务要求强化利用，让痕迹为回忆而留。另外，在营造空间气质和建构场所秩序等方面采取了包围、铺陈、提纯、返真、游离等面向体验的具体策略。

Experience:
Renovation Design of Yellow River Chemical Plant Phase I Project in Wuhai

The project is converted from the abandoned Yellow River Chemical Plant in Wuhai City, Inner Mongolia. The core of the design is to create a specific place with memory value and become a special component of the urban public space. The design organizes the movement line through series of scenes, so that the paths are created for perception and highlights the surface character through the continuation of existing materials, so that the materials are selected for expression . The design increases perceptual intensity by setting interaction areas,so that the interface is designed for action and it strengthen the utilization by changing task requirements, leaving traces for memory. In addition, specific experience-oriented strategies such as surrounding, paving, purifying, returning to the truth and wandering are adopted in creating spatial temperament and constructing place order.

2015 年，在完成了一系列改造设计项目后，承接了乌海市黄河化工厂的改造设计工作，任务是将废弃的化工厂改造为乌海市职业技能实训基地。黄河化工厂总用地面积是 346702 ㎡，现有厂房建筑面积 39800 ㎡。改造建设分为二期，目前改造的一期工程包括建筑类实训和一定数量的学生生活用房，以及在过程中增设的展陈体验区。整体改造设计过程延续了曾经的经验做法，分别是：设计初期识别既有空间引导功能，设计过程延伸到施工现场，策略上继续贯彻统合多效原则，把营造气质和建构秩序当作重点等。这是从以往改造设计中总结出的一些工作方法，其有效性也是我们被认可和选择的主要原因。面对新的改造对象，虽然沿用以往的方法，但结果却不尽相同，同时也有一些新的体验。

识别既有空间

设计之初，花大量时间考察现场、鉴定房屋质量、测绘厂房空间，而其中更重要的是识别既有空间，赋予适宜的功能。就方法和过程而言，改造项目中的由现有空间引导设计走向，是与一般意义上由功能引导设计的一个根本不同之处。常常出现的是，既有空间不能匹配目的功能，于是，反复沟通使用方成为常态，其中，沟通说服的主要内容是改变业主关于某项功能的位置动线关系。在这个过程中，一方面，深切感受到转变先入为主的某些观念并非易事，另一方面，充分的沟通还可以启发出新的功能，如核心展陈区，就是由车间的状况启发产生的：原任务书并没有展陈功能，在反复考察现场后发现，这一组车间内部由密密麻麻的机器填充，不能提供使用空间，大型机器是与结构共生的，拆掉任何一组都会导致结构的失效。

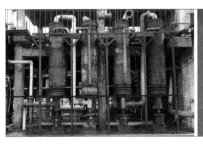

这些机器是化工厂生产线的核心部分，代表了一个时代该领域的工艺水平，留下来的意义无须多说，但核心区占地较大，改变的牵动面自然也大，不仅仅是一个任务书的改变，还包括政府复批、规划复审、资金重新划分等。在这个职能转变的核心区，由于承载工艺的机器和房子都变成了"实物展品"，观展是游历性的，还需要一个室内展厅供说明性的展陈使用；另外，政府受到启发后决定成立"乌海市工业展览馆"，其相关展览也自然并入此厅。起先的想法是启用近旁的一个金属罐体，打开后发现内部空间十分酷，如做加层和保温处理势必会破坏这种体验，于是设计继续远离任务书，以罐体为过厅又延伸出一个 1000 ㎡的新展厅。这一由空间启发而诱导功能

的过程也在建筑实训馆有所体现：一个旧厂房原本定位为实训车间，一次，进入厂房后体验了午后阳光透过砖砌花格洒满空间的场景，充满了梦幻般的光阴感，设计毫不犹豫将其改为集散、交流的前厅，仅用玻璃封闭了花格窗。

在识别空间的过程中，我们始终在寻找最适合某个既有空间的功能，其中，平衡的拿捏是一种本领，敏锐的眼光是一种修为，但，坚持和实现判断的韧性是否也该被视为一种职业素养？

统合策略与效能

对于改造项目，经济性和空间弹性始终是设计主题。为此，我们在以往的改造设计实践中，选择设计策略时形成了一种"统合多效"的思维习惯。统合多效是指把解决多个设计问题的策略统合成一个或尽量少的策略，从而一招下去实现多个效应，带来尽可能大的经济效能。既有建筑改造项目不同于其他设计项目，首先会面对一些必须解决的共性问题，如安全加固、节能改造、记忆保留以及物理环境改善等，因而，统合这些问题达到一招多效的策略则更有意义，避免策略的层垒效应，让整体更简明、更可持续。关于统合多效思维，早在 2008 年我们承接的内蒙古工业大学建筑馆改造案例中就已经形成。如在该项目中，沿单层厂房北墙增设一部通达三层的直梯，梯下空间设为服务性的库房、档案室等，对于开放的大空间厂房来看，北墙承担的节能作用最大，库房形成的双层表皮胜于其他被动的保温措施，沿厂房体量的长向墙体实施空间性的支撑胜于其他单纯被动的结构加固，而这一直梯连同多个平台又是师生相遇和展览的多义空间，一招统合了安全加固、节能改造和空间氛围等问题。在乌海化工厂项目改造中，因核心厂区改变了利用走向，虽并未呈现对应的典型空间改造案例，但体现统合多效思想的做法随处可见：如，为确保安全，用混凝土碎块及小墙隔离参观者和机器，既提醒了参观者碎块后面是不被鼓励进入的区域，又强化了氛围；沿途节点处设置"艺术装置"，既提醒参观者改变行动轨迹，又改变了游历的

同质感，也利用了现场的旧机器；再如，建筑实训区设置多处内院，既解决了新旧之间结构的经济过渡，又让各自与室外有了接触而获得通风换气和引入自然光的机会，等等。

当然，统合多效不仅仅是个经济性问题，也指通过最少干预而最大程度保留既有的空间气质。至于空间弹性利用，主要是指对旧厂房留给后人优质空间资源的一种"永续"再生态度。在本次改造中，不对旧厂房做任何功能固化的空间处理是弹性利用的首要原则，当下的利用仅是其后多次利用中脱离原功能的首次而已。

忽略形式

还是相反？通常，设计会强调老建筑所代表的时代气质及属性气质，对本建筑而言即所谓工业气质。关于此，在之前的实践中有过不同程度的探讨，较为系统的是同在乌海市由硅铁厂改造的项目，这里不再赘述。我们想借此总结更为共性的空间体验和感受问题。在过往的设计实践中，形成了对一些设计策略范畴的理解与实践，如包围、铺陈、提纯、返真、游离等，其共同的特点是去形式，引导人关注形式之外的东西，如氛围、场力等。"包围"不同于简单的界面物理围合，强调一种对身体的适度包裹感，从强化空间之于身体的关系来忽略形式；"铺陈"不同于控制性引导的空间序列，强调体验过程和身体之于空间的渐进状态，即突出空间的时间性而忽略形式；"提纯"不同于纯净，是通过纯粹的力量感知空间的强度，引导人感受空间感染力而遮蔽形式；"返真"是通过本色的力量，体验建筑的光阴感和空间的生命力，进而感受气质而忽略形式；"游离"则是引导人感受空间的丰富度，但非漫游和感受杂多，不是简单地去中心化，是能够定位、识别，始终有中心场所感的前提下，获得感受的不焦虑，再通过身体体验的自由和不断出现的陌生感来忘记形式。这些设计策略在工业项目改造中更容易实现，是因为其

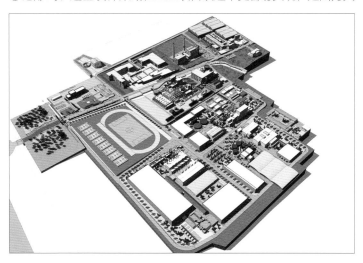

空间本身就含有真和纯的特质，而工业园区又由于其工业流程与组合逻辑本身即包含着包围、铺陈和游离的潜质，因此，在本项目中，只需加以疏导和强化即可实现，其工业气质也自会留存。如，在中心展陈区，相对硬质的界面是厂区的厂房原本设定的，设计在其中设置了参观的路径，改变了路径的地面铺装材质，时而在区域转换时结合高差有意改变路径方式，以强调身体感受的时间节奏，从而也加强了体验的丰富度和陌生感；同样地，建筑实训区连接新旧的钢构廊也出于同一功效。

这些经验做法并非体验的全部，任何设计行为最终都会表现为形式，自然不能全部忽略，设计努力做的，是让形式成为一种"底"和"触媒"来启动人的空间体验，从而保留甚至强化固有气质。

质与构的新秩序

任何建筑设计都是建构秩序的过程，但对既有建筑改造，秩序的建立过程似有不同，因其本身自有一种秩序，新秩序在已有秩序中发生，用什么建，怎样建？如果用与原有秩序中所包含"质"（主要指物理质料）与"构"（主要指空间构成）的关系来建立秩序的话，那么改造项目在大多数情况下都会面对"同"和"异"的选择，由此，为生长秩序的延续与重构提供逻辑依据。既有建筑改造整体包含延续式更新和重构式更新，就建立新秩序而言，前者属于空间缝合，以秩序的"同构"为主，后者对应空间拓展，以秩序的"异构"为多。所不同的是，"同"的延续和"异"的重构，对于改造为多的地方，延续的是空间本体，重构的是机能的构成逻辑；对于扩建为多的地方，延续的是机能上的构成逻辑，重构的是空间本体。在本项目一期改造中，未涉及太多综合性旧厂房内部的改造，主要表现为向外延续空间的秩序建构方式，仅此也会有"同"和"异"的差别，如，学生生活中心是一个新建项目，在园区的整体秩序内，用砖这种"同质"做有差别的"异构"；而建筑实训馆是从老厂房向外衍生空间，为了获得一种整体感，表面上看，用钢这种相对的"异质"做组织关系相接近的"同构"，同时看到，同和异是相对而言的，如把人在老房子的活动方式视为"质"来考察动线，则完全是一种"异构"的关系；核心区则不能简单这样理解，其虽未改变大的空间形态关系，但人在当中的体验改变较大，同质、异质均有，同构、异构兼具，从而既熟悉又陌生，或，时而熟悉时而陌生。

其实，不论同质同构（同质异构）的"同"，还是异质异构（异质同构）的"异"，"同"和"异"都基于人的感受，就此，建立秩序的机制就变得复杂，尚有很大研究拓展空间，留待以后的项目中继续思考。

在施工现场做设计

设计工作贯穿建造全过程，这是当下的建设制度中所倡导的理念，这个理念在改造类项目中更容易实施，这是其不同于其他设计过程突出的地方。尽管设计之前我们已做了尽可能详尽的基础工作，但施工过程中仍会遇到非常多常规建造不曾遇到的问题，为此，从更主动积极的意义上，我们把设计工作搬到现场。识别空间的做法不仅表现在设计前期，也表现在设计完成后的建造过程中，通过施工现场的再识别纠正图纸无法认识到的问题，在造价的整体平衡中修正不足；同时，为了便于更顺畅地沟通施工过程，我们申请投标了设计施工一体化（EPC）的做法，只是中途又因能力所限而退出施工管理，但保留了相当程度上设计–施工互动的自由度。2020年末，我在给《当代建筑》（CA）录制岁末感言时，谈到对时间的感悟，认为设计需要时间反复打磨，建筑师需要有不断深入进去考察细节的能力，又必须能够不断跳出来鸟瞰整体。尤其是这种"观其大意"的能力通常被建筑师忽视，满足于局部的顺畅及个人的喜好，草草定案后便不闻不问，固守图纸约定，缺失了许多纠错的机会，这当然与现行建造程序存在矛盾。我们的做法常常是介入施工，以此拉长设计思考过程，在施工中容错。对于改造类项目，眼见和身体感受的真实度是抽象图纸不能提供的。常常让我担心的一件事是现场报告进展顺利而施工单位没有提出需要解决的问题。在经历了几个类似项目之后，深感改造类项目非常适合实施以建筑师负责制前提下的EPC，但必须是目标清晰、投资稳定，且过程由建筑师说了算的真正意义上的设计施工总承包。

谈到建筑师设计思维中"观其大意"的能力，我认为是一种检查局部用功是否偏离方向的能力，也是一种反省的能力，即，反省整体定位是否适宜或正确的能力。深入施工现场，不仅是检查图纸疏漏的纠错过程，更是从现场的整体体验来反观细节设计的容错方式。

停下来思考

前面谈到，建筑工程项目一经启动便不能随意停下来，而设计却需不断停下来思考，对于既有建筑改造，由于不断遇到新问题，停下来的频次就会多一些。由于介入施工，我们获得了自我停下来的相对自由，进行完一期工程，更是选择了较长时间暂停，思考项目价值的长久性和策略的适宜性。此项目是自治区级政府投资项目，资金是按照整体改造拨付的，但进行完一期，意识到项目定位不够准确，尤其是设计层面的诸如旧与新的关系处理不够适宜，如按既定周期和既定方案完成，会直接导致资金上的不足，或从更主动的意义上看，资源不能充分利用，同时也会引起其他相关连锁反应。于是，我们主动提出暂停，相关部门也意识到重新整理一下思路的必要性，如，在人口规模较小的乌海市，社会职业培训与市属职业技术学院的日

常教学如何结合的问题，再如，设置操场的必要性以及公共展陈区与日常教学的管理矛盾问题等。停工两年来，我们更是做了一些专业的延伸思考：如，原本有意用旧厂房改造的学员公寓，由于公寓建筑均质的空间构成属性，由新建筑承担会更为高效，同时，加入了健康和安全管理的考量。正是这个项目按下了实施二期的启动键，目前完成了方案报批，正待开工。公寓设计在空间组织形式上采用了"异"，而在材质上延续了"同"，因而，二期项目表面看是处理新与旧在量上的一种新平衡，难度更大的是思考建新远大于续旧前提下的气质问题；思考旧建筑占地大而新建筑对大跨度空间需求的平衡拿捏问题；继续思考系统总结既有建筑改造策略的统合多效问题；也需要再思考在新背景下设计与施工如何顺畅沟通问题，毕竟，它仍是一个在旧建筑中生长的设计项目，仍然会遇到非常多经验与体验矛盾的问题而给自己设置容错的机会。

结语

对我而言，"质"与"构"是某种程度教科书式的"先验"，对其关系的认知帮助建立改造后的新秩序，在经历了一期项目后，努力转化为融入直观体验的有效经验，似乎是二期改造设计中自我设定的目标，其中较为重要的是，在人的感受上重新界定"质"与"构"的关系来统合气质与秩序，在设计中能够自然融入包围、铺陈、提纯、返真、游离等面向体验的策略。顺便一提的是，乌海职业实训基地一期项目完成两年来，多次进入园区都体验到某种"永恒性"，它来自于空间与背景——四季无草的荒山的关系，苍山与废城，在气质上一致，每次进入的过程，总有一种特别的仪式感，这个无意识的场景生成，也需要在二期项目中巧妙经营。

注：此文引改自《新建筑》2022(01):56-61

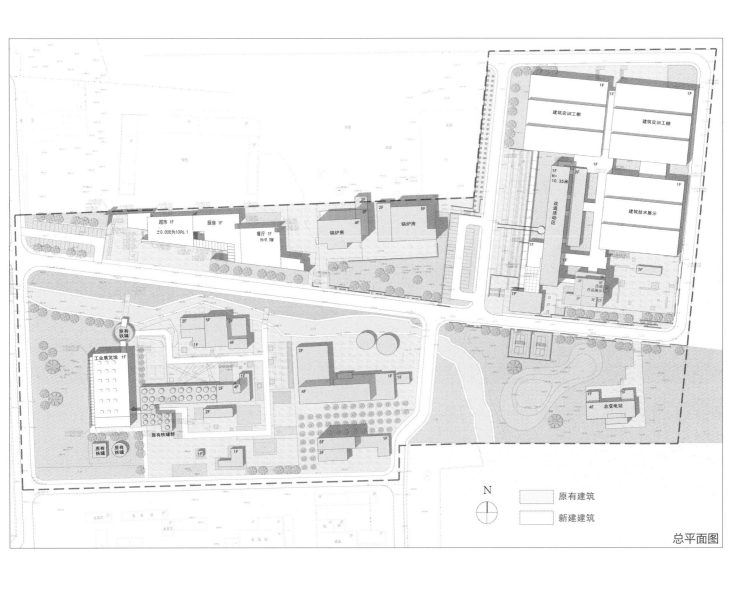

总平面图

原有建筑

新建建筑

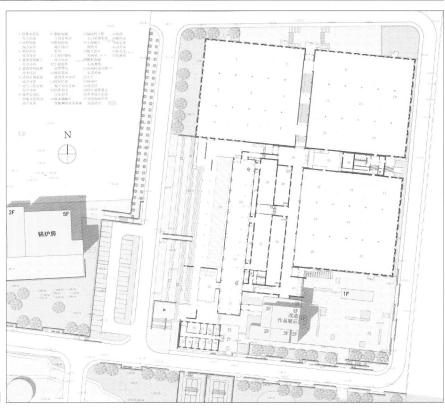

建筑实训馆平面图

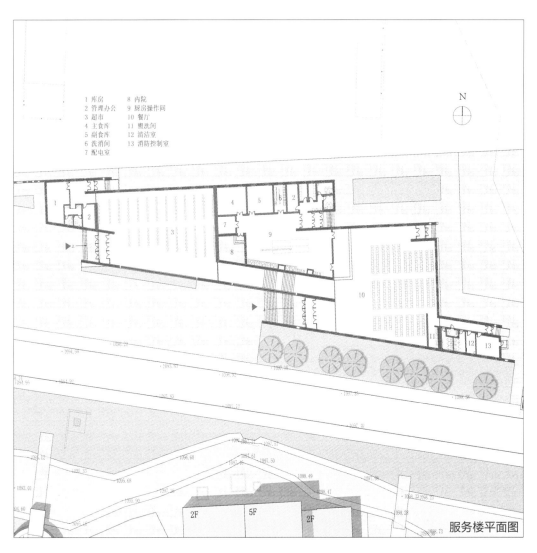

1 库房　　　　8 内院
2 管理办公　　9 厨房操作间
3 超市　　　　10 餐厅
4 主食库　　　11 盥洗间
5 副食库　　　12 清洁室
6 洗消间　　　13 消防控制室
7 配电室

N

服务楼平面图

167

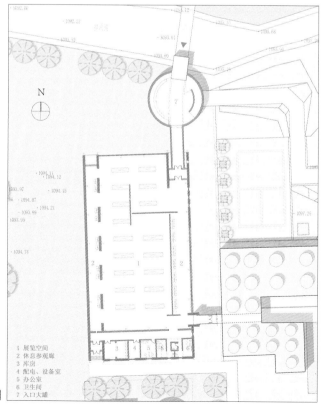

1 展览空间
2 休息参观廊
3 库房
4 配电、设备室
5 办公室
6 卫生间
7 入口大罐

工业展览馆平面图

内蒙古青年政治学院图书馆
Library of Inner Mongolia Youth Political Science College

地点：呼和浩特市
设计时间：2019 年
完成时间：2020 年
建筑面积：1951 ㎡
合作建筑师：李鑫、郭鹏
摄影师：窦俞钧

Location:Hohhot
Design Time:2019
Complete Time:2020
Building Area:1951 ㎡
Co Architects:Li Xin, Guo Peng
Photographer:Dou Yujun

策略统合：
内蒙古青年政治学院锅炉房改造设计

项目位于校园东北一隅，由闲置燃煤锅炉房改造而成。改造设计通过一系列统合设计策略使针对图书馆新功能的各项性能得到均衡改善：通过在结构薄弱部位加层使得结构加固与建筑面积扩容相统合；通过在保温不利部位布置辅助房间让改善保温性能与赋予空间光阴感相统合；通过保留原建筑遗存使得绿色节约与营造空间气氛相统合；通过植入结构性书架使得家具布置与创造阅读空间的领域感相统合；通过去掉中央屋面板使得减轻结构重量与引入自然光源相统合。

Strategy Integration：

The Boiler Room Renovation Design of Inner Mongolia Youth Political Science College

The project is located in the northeast corner of the campus and is a renovation of an unused coal-fired boiler room. The renovation design is based on a series of integrated strategies to improve the performance of the new functions of the library in a balanced way: by adding floors to the structurally weak parts, the structural reinforcement is integrated with the building area expansion; by placing auxiliary rooms in the unfavorable parts of the insulation, the insulation performance is improved and the space is given a sense of light and shade; by preserving the original architectural remains ,the green saving is integrated with the creation of space atmosphere; by implanting structural bookshelves, the furniture arrangement is integrated with the creation of reading space. by removing the central roof panel, the weight reduction of the structure is integrated with the introduction of natural light sources.

内蒙古师范大学青年政治学院图书馆（以下简称"图书馆"）位于校园东北一隅，由闲置燃煤锅炉房改造而成。锅炉房东侧紧邻学校围墙和城市道路，南向同其他建筑围合出一处广场，北侧和西侧紧贴非图书馆功能的既有房屋。建筑主体为砖砌体混合结构，屋面为钢桁架＋预制槽形板结构。内部空间面宽18m，进深28m，钢桁架下净高8.6m，被分隔为锅炉房和风机房南北两个房间。项目涉及改造部分的建筑面积为991㎡，改造后建筑面积1951㎡。因总造价（含装修）限制在390万元内，每平方米造价要求低于2000元。

对于旧建筑改造，需要解决的问题很多，施加的策略必然也很多，统合这些问题和策略是设计中的难点和重点，尤其是对于限价的设计更是如此。事实上，运用统合理念解决旧建筑适应性再利用中的多重矛盾也是设计的重要原则。在统合的过程中，通常会产生一些核心策略，由此去协调其他策略，常常成为一种便于操作的方式。本项目中引入天光即其中的核心策略，由此同时达到提升性能、呈现记忆、塑造光阴感和精神性的目的。

矛盾与限制

锅炉房带有工业建筑普遍给人的疏离感，而图书馆则被希望具有温馨的人文氛围，既有建筑现状与再利用目标之间存在突出的矛盾。空旷巨大的空间，能够满足大型机器放置和生产工艺流程的需要，却失去了与人们活动相适宜的尺度，承担新功能时，使用效率明显较低。

冰冷高耸的界面，无法产生让人希望进入并长期停留的领域感。室内外的材料，随着经年的损耗污染且缺乏维护，变得破旧和遍体污渍。侧窗采光不足导致房间深处光线昏暗，进一步加重了使用和心理的双重不适。新植入的元素或是对原有材料单调复制，或是从环境中过度跳脱，都易与旧建筑产生尴尬的并存关系。这些难点相互影响，再加上地区性条件约束，如造价低廉、工期紧张和施工精度不高等，经常让设计者顾此失彼，而导致项目落地效果不佳。

工业建筑的适应性再利用，是一种在多重限制条件下达成复合目标的任务，要求设计策略能够实现使用功能转变，尽可能保留原有结构，进行最小化干预，同时提升建筑整体性能以符合当前的标准。改造方式与拆除后新建始终暗含着比较，其优势可能体现在造价低、建设周期短，在资源利用和垃圾产生等方面更加节约环保。如果新旧部分得以融合，老旧建筑的再生将获得丰富的时间性和光阴感。

统合多效

设计师经过多年创作实践的经验沉淀，提炼出"统合多效"的思想。统合多效的关键，在于识别建筑面临的核心问题，采取有效的策略加以解决，用一个或尽可能少的适宜策略解决尽可能多的问题。对本项目进一步辨析后发现，原建筑的结构安全、性能标准、改造后使图书馆获得充足的使用面积等基本问题是设计方案成立与否的必要前提。在此基础上，空间体验、性格表达、场所精神的塑造属于提升策略。

面积扩容策略与结构加固相统合。虽然原建筑结构的承载力能够满足新增荷载，但混凝土柱的长细比和墙体高度过大，结构的稳定性和整体性不佳。为此，设计增加了三层楼板与相邻建筑楼层齐平，并延伸至砖砌锅炉顶部，二层楼板进而等分了下方空间的高度。底层向外扩出的咖啡厅和阳光阅览室，不仅增加使用面积，而且为东

185

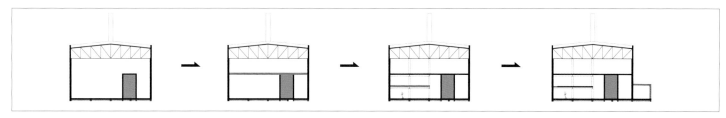

南两侧 12m 通高的立面提供侧向支撑。新植入的钢结构梁架和混凝土楼板，均恰好约束了原主体结构薄弱处的形变，新旧的水平与竖向构件相互拉结，提高了建筑整体的刚度。材料选择在满足经济适宜、实用耐久的基础上，统合了凸显立面个性、连接新旧建筑元素、创造领域氛围等高阶需求。钢质框架、砖砌实墙、水泥基涂料、自流平地面，以及木质书架隔断等，都是有限施工周期和预算等约束下的必然选择，在自然直接的应用中，表达出建筑粗犷的个性。钢是工业时代的标志性材料，砖和水泥是原砖混主体的接续。材料呈现了从建筑整体到新旧部分，从构件层级到节点细部的清晰建构逻辑。原有的屋顶桁架不做翻新，未经涂饰的墙面与自然裸露的新增部分形成对照，呈现一种粗放真实的性格。在这样的基底上，木制书架与色彩明快的桌椅，进一步营造了漫步和阅读各自属的领域，木材的天然、亲切平衡了工业建筑的冰冷界面。

引入天光

作为核心策略之一，引入天光不仅有针对性地解决了工业建筑改造的多重问题，并且赋予既有建筑再生的年代感、光阴感和精神性等独特气质。空间组织、界面围合、材料选择等其他操作也围绕这一核心策略而开展。

1）性能提升

工业建筑的适应性改造，通常需要进行屋面结构整修和保温性能提升，为顶窗的楔入提供了契机。因建筑受到冬季严寒北风的作用，设计师减小了锅炉房北立面窗洞尺寸，并在西侧和北侧新增了两层楼板。这些操作遮挡了原本已显不足的室内光线。

明亮的室内与适宜的温度是图书馆的基本需求，在原有屋顶上打开切口置入天窗，成为直接且有效的应对策略。天窗采光相比于侧窗方式的采光效率更高，提高了阅览区的桌面照度，进而增加了长时间读书的视觉舒适度。沿着屋脊的天窗让日光纵深射入，在整个空间当中照度分布均匀，有利于读书座位布置的灵活性和每一个位置的采光均好性。作为地域气候的回应，当地充足的太阳辐射透过天窗加热了冬季的室内空气、地面、墙面和座椅家具，为读者提供了温暖的热环境。在夏季高温日，热空气可以通过中庭挑空、从上方的天窗快速排走。

2）从识别到融合

新旧部分的可识别性是既有建筑改造的原则之一，体现于材料和构造逻辑。但是，整体性的设计在此基础上，更应关注新增材料与既有材料之间的延续，材料接缝和构件连接应清晰可读。原有锅炉房的清水砖墙、砂浆表面和混凝土屋面梁柱等界面，在清理污渍之后，均显露出经年的斑驳肌理。钢桁架和金属节点表现出建筑各部分之间的连接关系和施工速度。底层向外扩展的阳光阅览室、咖啡厅外墙和新增内隔墙采用了清水红砖砌筑，三楼地面和兼作竖向界面的书架选择了温暖的木板。新增材料，除了符合价格便宜、施工快速、工艺可控等考量外，同原建筑中的各类材料一样，具有自身真实的肌理，并会随时间变化产生岁月印痕。在昏暗的环境中，粗糙材质与破损表面常使人感觉不安和冰冷。然而，漫射的天光，可以清晰地勾勒出混凝土、砖墙、木地板等表面的凹凸质感和纹理，甚至材料磨损和褪色。天光的表现力，将新旧材料拼贴成的体量与空间，刻画成了充满年代感的雕塑，旧颜顿时回变为自然的本色。红砖与木材在自然光作用下会随着时间逐渐变化，最终与旧砖和裸露的水泥融合为一体。

性能经历一个冬夏的检验，已表现出良好的气候适应性。旧材质的自然裸露，新材料的关照介入，丰富的表情彼此包容，传达出北方文化中自然、朴拙的感性基因。随着光阴与空间的延展，历史场所的精神在地域性创作中得到重塑。

3) 光阴感与精神性

光阴感可分为两个维度理解，人在静止时观察到事物变化所记录的时间痕迹，和人在运动中体会到的时空穿梭。阳光透过天窗在各个界面上投射的光斑，随着季节、时间和天气变化而缓慢移动，室内光线的细腻转变，让阅览者虽静心读书却能感到光阴流逝。对于旧建筑改造，尤其是工业厂房的改造，导演丰富的动线，并拼贴式地加以展现，是一种获得时间性的有效方式。顶光区分了整座图书馆，自下而上、由暗至亮的光照梯度。受到楼板、隔墙或是中央锅炉对光线的遮挡，各层在水平方向上也存在明暗不同的若干领域。人们沿循连贯流动的空间，在亮暗交替的场景中往返。光阴在静止的环境中流动，在人们穿越空间时定格。

图书馆的核心空间由保留锅炉、西侧阅览区的书架和一座连接三层的直跑楼梯围合而成。天窗的投影位置与核心交通空间重叠，指明了向前和上升的动势，赋予了空间精神性。在蒙古包的语言符号学转译中，天窗是天的能指，下方的核心空间是连通天地的精神象征。上楼的动线中，核心空间由天光照亮，穿过较暗的三层北侧阅览区，指向远处寓意大地和自然的高山；离开图书馆时，空间指向了天空和正对墙上的开口。通过界面开敞与延伸，空间跳出围护结构的限定，被置于更广阔的天地之中。

注：此文引改自《建筑实践》2021(11):56-61

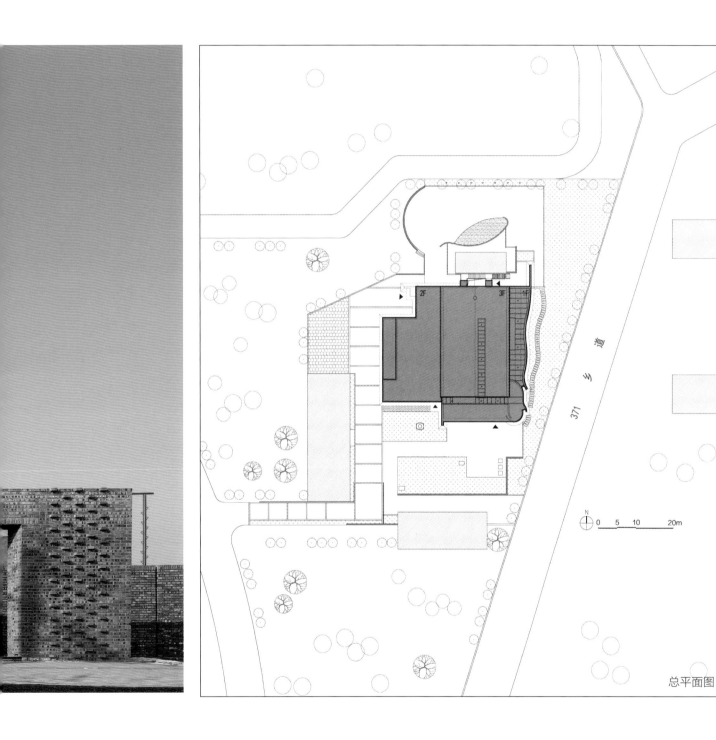

总平面图

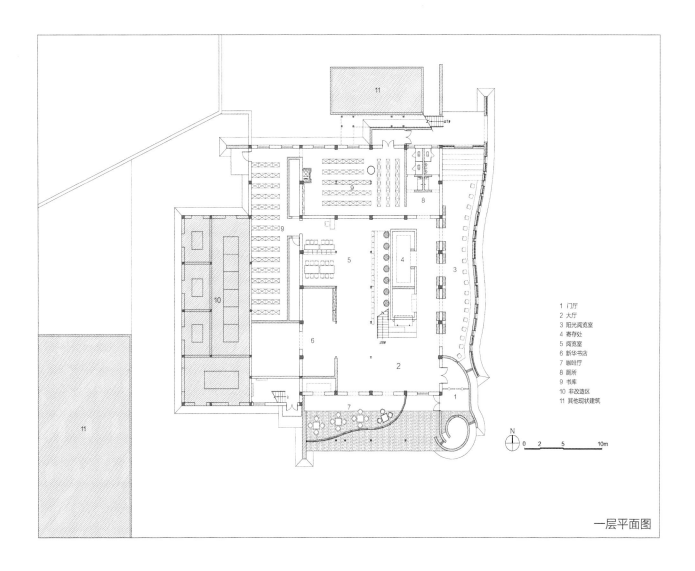

1 门厅
2 大厅
3 阳光阅览室
4 寄存处
5 阅览室
6 新华书店
7 咖啡厅
8 厕所
9 书库
10 非改造区
11 其他现状建筑

一层平面图

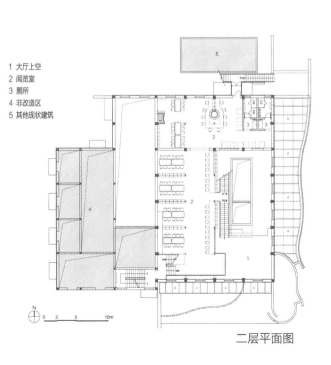

1 大厅上空
2 阅览室
3 厕所
4 非改造区
5 其他现状建筑

二层平面图

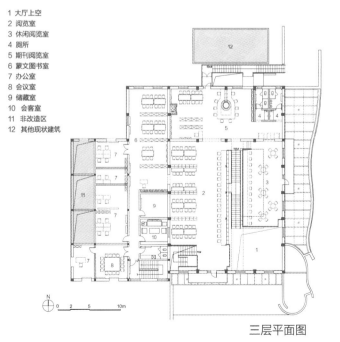

1 大厅上空
2 阅览室
3 休闲阅览室
4 厕所
5 期刊阅览室
6 蒙文图书室
7 办公室
8 会议室
9 储藏室
10 会客室
11 非改造区
12 其他现状建筑

三层平面图

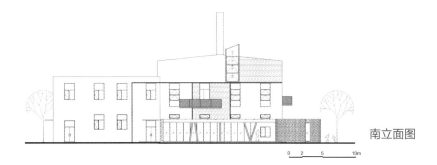

南立面图

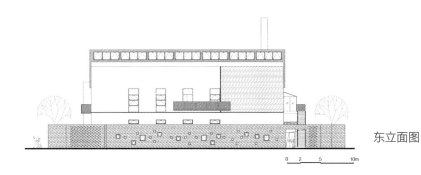

东立面图

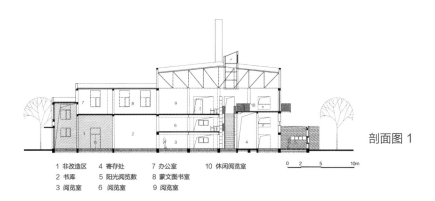

剖面图 1

1 非改造区	4 寄存处	7 办公室	10 休闲阅览室
2 书库	5 阳光阅览数	8 蒙文图书室	
3 阅览室	6 阅览室	9 阅览室	

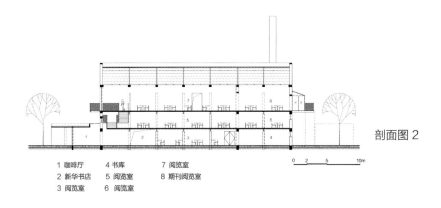

剖面图 2

1 咖啡厅	4 书库	7 阅览室
2 新华书店	5 阅览室	8 期刊阅览室
3 阅览室	6 阅览室	

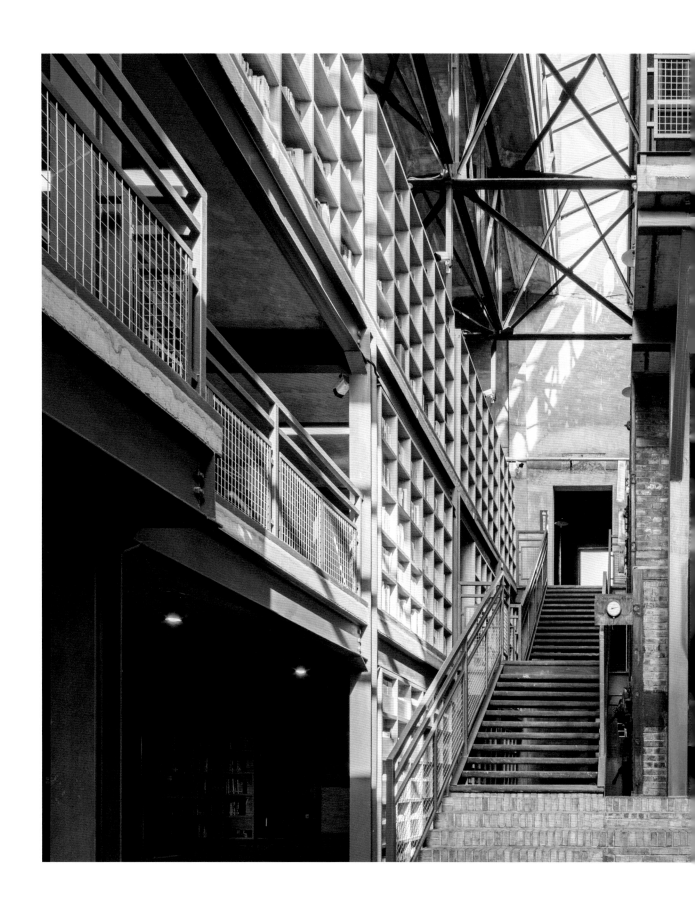

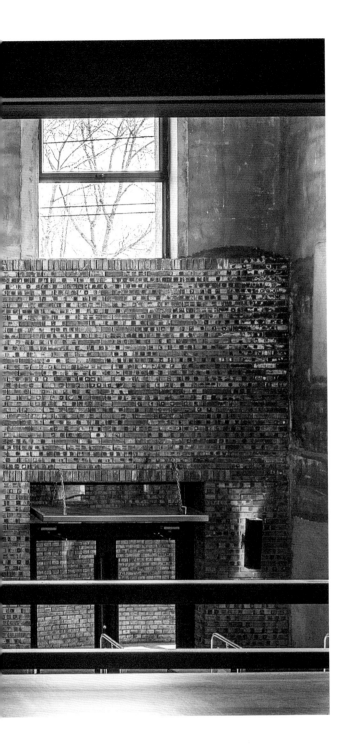

呼和浩特英华学校综合楼
Hohhot Yinghua School Complex

地点: 呼和浩特市
设计时间: 2019 年
完成时间: 2022 年
建筑面积: 25585.56 ㎡
合作建筑师: 杨耀强、黄利利、杨沛
摄影师: 窦俞钧

Location:Hohhot
Design time:2019
Complete time:2022
Building Area:25585.56 ㎡

Co Architects:Yang Yaoqiang, Huang Lili, Yang Pei
Photographer:Dou Yujun

整合：
呼和浩特英华学校综合楼设计

英华学校是一所私立中学，由于场地紧张，设计将教学、生活、体育整合在一块矩形用地内，为整体五层、局部六层的一幢综合楼。动线组织是整体设计的关键：水平向在底层切开，连通被体量分隔的操场与校园，提供一处有顶的室外活动空间并赋予流动性；垂直向用一组步梯穿越长向体量联系各层，在贯通各项功能的同时串联了各类开放交流空间，如展厅、图书角、教室外的活动空间、食堂前的等候空间以及报告厅的集散场地等，向上止于屋顶体育活动场地，并将天光引入室内，成为建筑中特征识别和定位并带有精神性的线性空间。

Integration：

The Design of Hohhot Yinghua School Complex

Yinghua School is a private secondary school. Due to space constraints, the design integrates teaching, living and sports into a rectangular site, forming a five-story, partially six-story complex. The organization of movement lines is the key to the overall design,cutting horizontally at the bottom to connect the playground and campus separated by volume, providing a roofed outdoor activity space and giving mobility; using a set of vertical ladders to traverse the long volume and connect each floor, it connects various open communication spaces while connecting various functions, such as exhibition halls, book corners, activity spaces outside the classroom, waiting spaces in front of the dining hall, and gathering and distributing areas in the lecture hall. It ends up at the rooftop sports activity area, and brings skylight into the interior, becoming a spiritual linear space for feature recognition and positioning in the building.

呼和浩特英华学校是一所包含小学、初中、高中一贯制的寄宿全封闭管理的私立学校，位于呼和浩特近郊，用地规模不大，本项目是校园中的一座综合楼。设计需要在有限用地内实现教室、图书馆、报告厅、展厅、宿舍、食堂、学生沙龙以及一定的体育活动空间等功能。显然，空间与功能的整合及其动线组织是设计的主线，更是创新的基础，而设计核心是对"真实"的理解。由此出发，从不同的角度对项目展开思考与设计。

紧张用地下的体量整合

综合楼置于校园中央位置，位于操场和一组老楼之间，这是场地限制下的唯一选择。设计首要做的是充分整合功能，进一步缩小基底面积，在此前提下满足各项功能空间的基本要求。于是，一种在矩形体量内采用减法的设计操作就成为有效的设计生成手段：

首先，根据总体容量预估生成一个集中的矩形体量；其次，在体量中部减切出一条通道，打通了原教学生活区与体育活动区因置入体量造成的阻断；继之的操作是沿体量长向依次减切出多个院子空间，以满足厚体量中部空间的采光、通风以及与自然交互的需求。基于各院子服务的功能空间不同，自然各具形态：有全围合和半围合之分，从而形成内院和边院；有减切到底和浅减之别，从而形成落于地面的活动场地和置于低层屋顶的活动平台；有位于教学区和生活区之差，从而形成不同尺度和私密性的空间形态。不仅如此，设计需要同时考量院子和剩余部分体量的形态、尺度，以便使双方各自承载的职能相得益彰。这些基于建筑基本机能的生成操作虽直接来自于用地的紧张，但同时也来自于对各组成功能特定需求的真实理解和考量，例如，教师空间需要足够的阳光，半围合的边院更为适宜；公共区需要形成拔风效应，一通到地的院子更为有效。

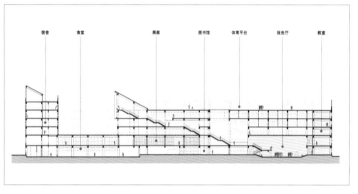

动线驱动下的功能串联

完成了体量和初步的功能摆置，接着便是动线的组织。为联系原有教学区和体育活动区而切分出的室外通廊，将进入建筑的动线起点一分为二，恰好解决了生活功能区和教学功能区独立进出的需求。切出的室外通廊、餐厅区块外凸的曲线轮廓与教学区入口处内凹的界面共同标定出动线的起点。从生活区进入建筑后，整个动线基于一种高效便捷的需求，通过垂直的楼梯串联两层餐厅和三层住宿单元，完成就餐和休息的功能转换。从教学区入口进入建筑，整个动线则基于一种高效和体验的复合需求，在动线的组织上采用主干加多支路的模式，通过垂直交通的水平向延展，以贯穿五层的直跑楼梯方式，串联各层教学功能区，形成整个建筑体量的主干路径。整个主干动线路径上，在楼梯和平台处铺设颜色，强化动线的连贯性。同时，在主干路径的两侧或单侧是串联各具体教学单元、公共活动区域的支路；紧凑笔直的过道，宽窄错落的休憩、展示、活动平台形成了四通八达的交通回路，完成了功能区的紧密串联以及动线行进过程中的感官体验。对于整个建筑体量来说，一层的动线分岔，实现了教学和生活区的分置进出，二层以上的动线聚合，实现了生活功能和教学功能在内部空间的快速转换，结合阳光房和屋顶平台，实现了六层的生活区和五层的教学区室内外动线回路的闭合。整体动线组织的分、合、回、环，实现了功能间的有效串联，并在这一过程中，为空间的起承转合打下了基础。

集中体量中的光环境营造

上述物理动线的组织完成了功能序列的高效转换与连接。而对于空间序列的观感体验，最经济、自然、高效的方式，无疑就是沿着这一动线路径展开。在建筑中，去寻找一种方向感，去感受时间的变化，是人对空间的一种本能反应。当进入集中体量的建筑后，由开敞到封闭，由明到暗的一种空间氛围转变，让这种感知变得强烈而迫切。因此，在集中体量中，结合动线组织，在行进过程中，自然而然的光影变化标定方向，感知时间，成为设计最灵动的地方。光环境在设计之初，就已经作为决策给予考虑，如教室的布局，院落和平台的设置，无疑都是为了功能用房自然光的利用效率最大化。此处所讨论的光环境，是围绕动线设计过程中，光对空间和时间的塑造。从一层进入教学区后，正对一处下沉式的边庭空间，光影从正对的外墙打入，延伸了空间的尺度，明确了空间的方向。路径90°转向后，沿正对的一个双跑楼梯向上，转向后连续的步梯穿越长向体量联系各层。在行进过程中，从边院、内院、各通高空间直射的光线、反射的光线以及从天窗倾泻的落影，交替、错落地呈现，形成一个充满阳光的线性广场。各类开放交流空间，如展厅、图书角、教室外的活动空间等，围绕着这一线性空间展开，成为建筑中特征识别和定位并带有精神性的线性空间。

整个色带由一层直至屋顶平台。通过色彩的连贯，形成了空间感知的连贯性；其次，针对儿童喜欢用身体的尺度去度量和探索空间的行为特征，借助防火分区设置的分隔墙体，在其厚实的墙体上面掏出不同形状、尺度的休息空间，作为一个个小小的交流单元，反而提供了大量与儿童行为特征相匹配的活动空间。再者，儿童对于空间有着自己独特的见解和认知，主要反映在对空间的使用中，儿童自身行为的多元化和群体行为的多样化组合，使多义空间模式更合于儿童的空间探索。如一层被初始定义为小讲堂的区域，实质上是一处通向下沉区域，由台阶界定而成的开放空间，是儿童们可以席地而坐的交流场所，或者利用台阶形成一个小型剧目的演出场所。另外在通向屋顶处，五层向六层过渡的时候，则是通过退台的方式，叠落三层，又通过一整个斜坡透光屋顶，将其整合为一个相互渗透的大空间，作为一个阳光乐园：既是儿童们的种植园，又是活动游戏的场所。在整个动线的串联过程中，通过一套嫩绿色的色彩系统覆盖行走的路径，既提供了路线指引，也满足了儿童对于色彩的喜爱。这种色彩的选取，源于离校园不远处的麦田形成的自然地景。设计提取该颜色体系，内部形成路径的标志，外部作为场所关系的回应。

低造价前提下的建造选择

在项目中，造价作为重要的指标因素，影响着建筑完整度和品质。作为一所学校，建筑本体的费用十分有限，于是在建造选择方面，主体以砌体结构为主，满足多层教学楼的要求，材料则选取混凝土砖不同肌理的砌筑方式，增强质感和真实感。例如本次方案中选用的劈开砖面，具有制作工艺能耗低、质地粗犷自然、立体感强、自重轻且造价低等优点。混凝土砖抗压性能好，但砌筑较为呆板，于是这种省功省钱的、不同肌理配合的砌筑方式，形成界面韵律感，底部实、向顶部渐变过渡的美感，也在一种程度上提高了砌筑过程中的容错率，同时降低墙体维护的成本。对于顶层的材料选择，通过对比择优，以穿孔铝板作为维护体系，其硬度高，耐久性强，自重轻，颜色选择较为多样、经济，更加贴合屋顶的设计要求。另外，综合楼主体具有教育功能，注重开放性、创造性、包容性等方面，通过引入一套色彩的导视系统，来达到活跃主体的目的，同时也界定了空间的属性。例如，在室外景观设计方面，只需简单的操作，尽可能减少施工量，又不失设计品质，通过路径延伸，衔接不同教学功能单元和活动场地。在围合的空隙区域，点缀场地原有的植被，

儿童行为理解下的空间与色彩适配

在完成基于功能、动线、光环境营造等基础要素的考量之后，儿童作为教学建筑空间的使用主角，围绕其行为特征下的空间与色彩适配，成为优化整合建筑设计要素的又一驱动力。首先，在垂直方向逐层展开的步梯和连接平台，通过嫩绿色的一套色彩系统将其串联，

校园的东侧布局紧凑，充分利用有限的场地，从远期发展来看，未来校园的主入口将设置于西侧，后续的改建、扩建项目将在西侧广场的南北侧操作，所以在综合楼的西侧场地环境设计方面，延伸出三条放射的路径，强化综合楼与场地环境的肌理融合，对远期教学配套设施的发展进行铺陈。综合楼完成后将是对原始规划设计的一个补充与完善，形成一种动态渐进的生长过程。

结语

对于多目标、多层面客观需求和条件的满足，需要对设计策略进行系统的、综合的凝练，项目主要注重两方面问题的解决：第一，场地整合、动线组织是以综合楼作为对象进行的，也是项目设计的重点，以此解决建设用地紧张的问题，同时使校园具有远期整合的弹性；第二，从儿童的多样需求出发，色彩的适配、光环境的营造等有助于激发活泼的天性和探索未知世界的兴趣。教育场所是知识的孵化器，多样、多义的教育空间是儿童对缤纷世界理解的物质载体，也是激发儿童多元发展孵化器。

以此提升空间品相。这些建造选择，都是尽可能地减少土方量处理，同时简化施工操作流程。又如，室内地面材料以金刚砂耐磨硬化地面为主，且具有高致密性、耐磨和灵活着色的特点，都是在建造过程对材料的甄选，更符合学生活泼好动的天性。简而言之，低造价是对建造方式、建筑材料性能的对比择优，是设计策略整合的客观结果，是强调设计过程的系统观，更是设计理念与操作方法效能的相适契合。

重新审视场地的远期整合

由于英华学校属于九年制义务教育，为了满足学校教学的多重需求，现需要建设教学楼、住宿、食堂、室内体育场馆、会议室等功能，由于建设场地紧张，因而舍弃离散化布局，采取集约化设计，将上述功能整合在一块矩形用地内，提高空间效率。综合楼集约，在节能方面也具有意义，建筑体型系数小，墙体共用优于分散独幢式布局，减少能耗损失，终成整体五层、局部六层的一幢综合楼。集中式布局为主，通过路径将各个功能贯穿，使功能更加紧凑，主辅、动静分区合理，流线短捷，复式组合营造出许多趣味空间与共享空间。在屋顶上布置了半室内的跑道、活动场地，兼具多重功能，留有大量的弹性空间，为远期校园发展建设，进行功能上的灵活置换创造了条件。值得一提的是东侧的综合楼与操场良好的衔接，为操场提供看台，在一定程度上缓和了用地紧张，也加强了综合楼与操场的关联性，由此综合楼主体遮挡了西晒，为进行运动的学生提供舒适的活动环境。综合楼底层架空，作为连接东西向、延续和发展并存的重要通道，是延续操场和发展西侧规划学校主入口之间的重要空间节点，成为东西秩序的延伸空间，继而，从校园规划布局上，

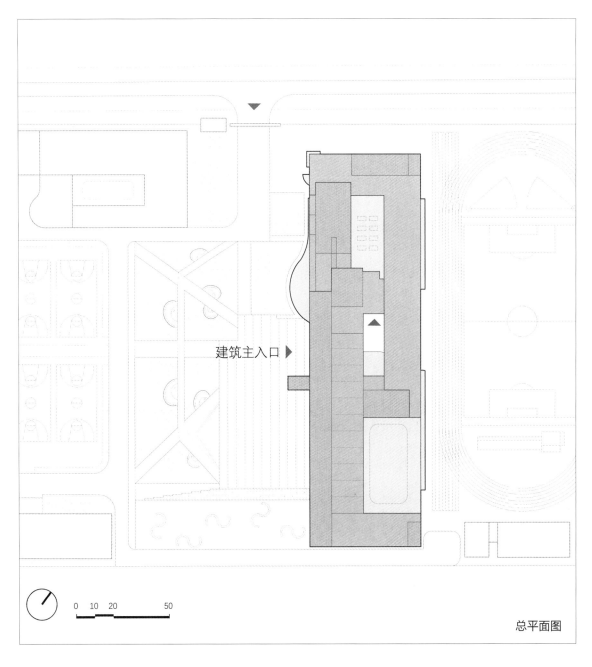

建筑主入口 ▶

0　10　20　　　50

总平面图

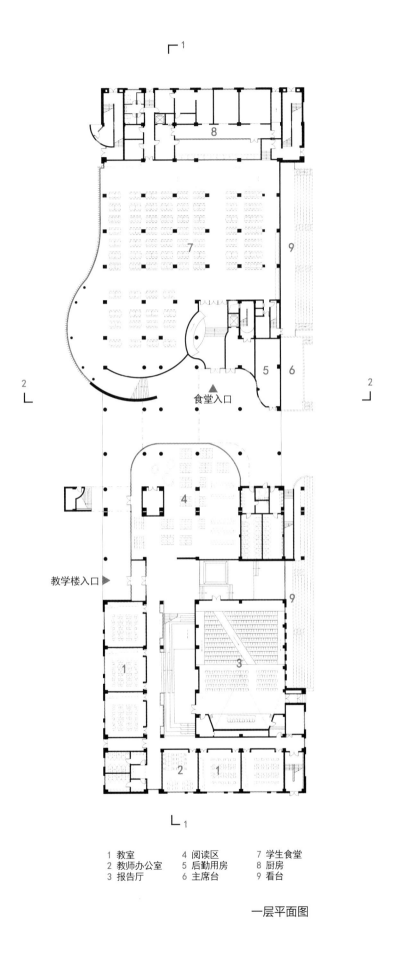

食堂入口

教学楼入口

1 教室   4 阅读区   7 学生食堂
2 教师办公室   5 后勤用房   8 厨房
3 报告厅   6 主席台   9 看台

一层平面图

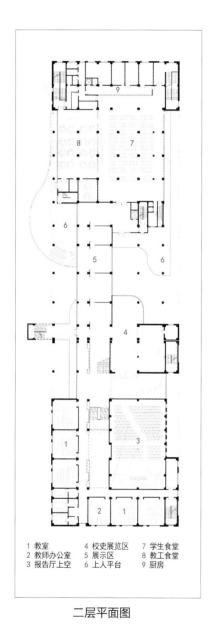

1 教室　　　4 校史展览区　　7 学生食堂
2 教师办公室　5 展示区　　　　8 教工食堂
3 报告厅上空　6 上人平台　　　9 厨房

二层平面图

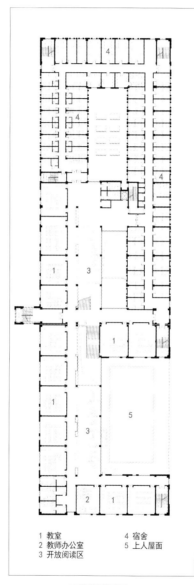

1 教室　　　　4 宿舍
2 教师办公室　5 上人屋面
3 开放阅读区

三层平面图

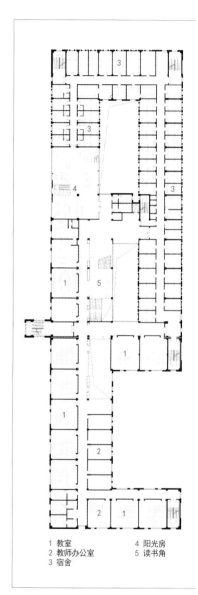

1 教室　　　　4 阳光房
2 教师办公室　5 读书角
3 宿舍

四层平面图

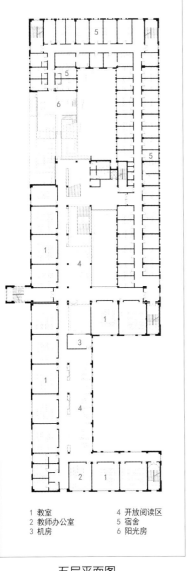

1 教室　　　　　4 开放阅读区
2 教师办公室　　5 宿舍
3 机房　　　　　6 阳光房

五层平面图

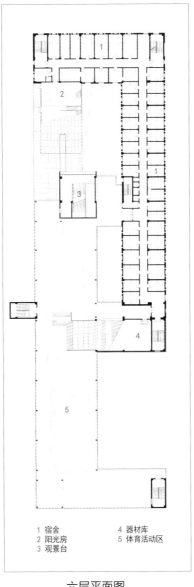

1 宿舍　　　　　4 器材库
2 阳光房　　　　5 体育活动区
3 观景台

六层平面图

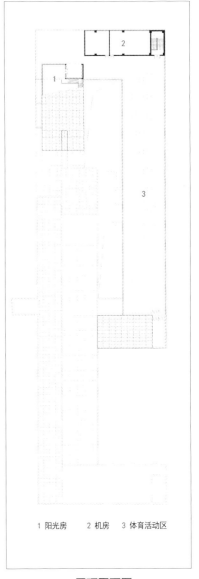

1 阳光房　　2 机房　　3 体育活动区

屋顶平面图

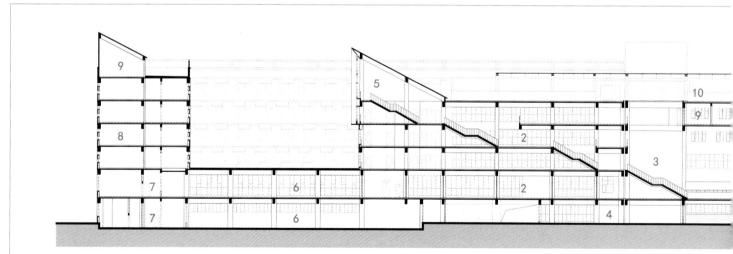

1	教师办公室	5	观景台	8	宿舍
2	读书角	6	学生食堂	9	设备间
3	共享大厅	7	厨房	10	屋顶活动区
4	阅读区				

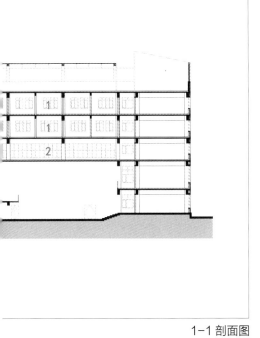

1-1 剖面图

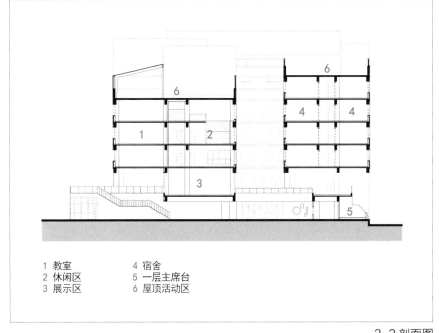

1 教室	4 宿舍
2 休闲区	5 一层主席台
3 展示区	6 屋顶活动区

2-2 剖面图

东南立面图

西北立面图

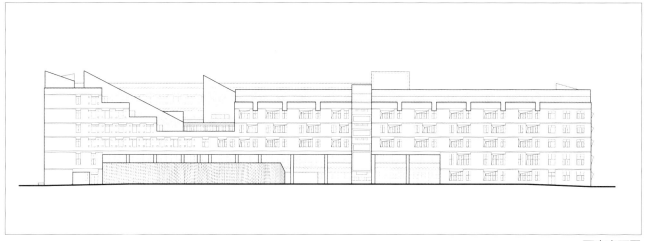

西南立面图

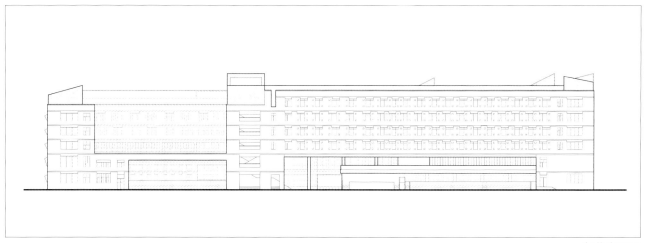

东北立面图

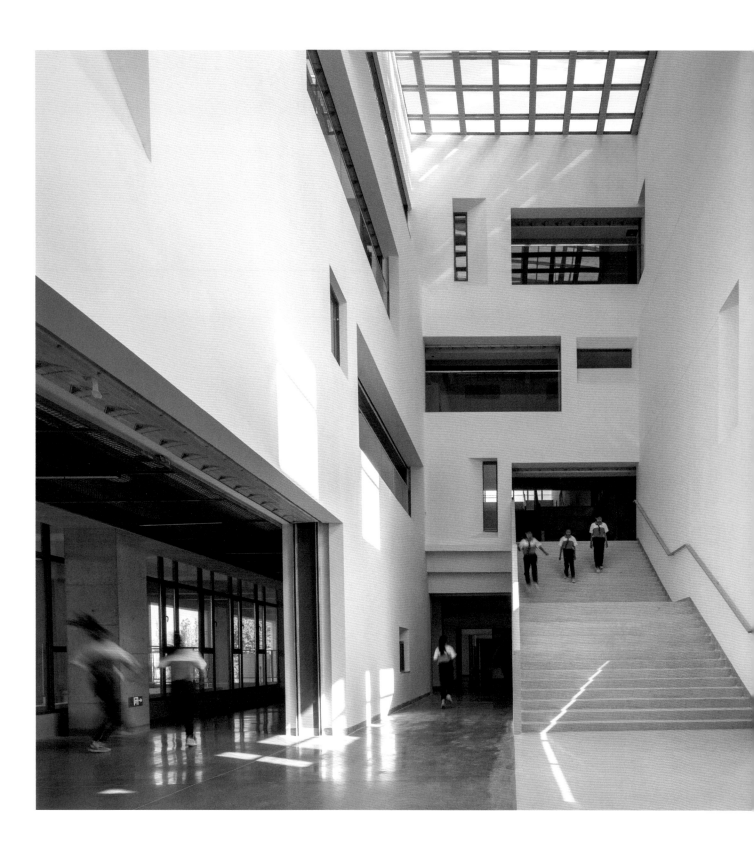

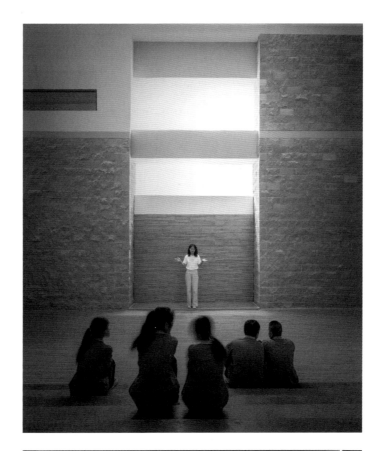

呼和浩特清水河县博物馆
Hohhot Qingshuihe County Museum

地点：呼和浩特市
设计时间：2016 年
完成时间：2022 年
建筑面积：6800 ㎡
合作建筑师：张恒、曹景、张宇、韩超、郭霞霞、高志峰
摄影师：窦俞钧

Location:Hohhot
Design time:2016
Complete time:2022
Building Area :6800 ㎡
Co Architects:Zhang Heng, Cao Jing, Zhang Yu, Han Chao, Guo Xiaxia, Gao Zhifeng
Photographer:Dou Yujun

适地：
呼和浩特清水河县博物馆设计

博物馆选位于呼和浩特清水河县城关镇北山坡上。设计意在通过植入博物馆这一公共职能建筑，引导形成一条进入城关镇北山公园的路。为此，设计将建筑分为展厅和附属部分两个体量，以便让这一路径从中间穿过，同时顺应场地，开凿山坡、覆埋体量：凿山形成上山曲折路径，回应黄河峡谷的意象，同时降低了建筑体量；覆埋意在生态节能，同时恢复了北坡的地貌景观，加之选材多是凿山产生的石料，回应了当地的建造文化。

Site Adapting:

The Design of Qingshuihe County Museum in Hohhot

The museum is located on the north slope of Chengguan Town, Qingshuihe County, Hohhot. The design is intended to guide the formation of a road into the Northhill Park in Chengguan Town by implanting a museum as a public function building. To this end, the design divides the building into two volumes: the exhibition hall and the auxiliary part, so as to allow this path to pass through the middle. At the same time, it conforms to the site and adopts excavation and burying methods: digging the mountain to form a winding path up the mountain, responding to the image of the Yellow River Valley, while reducing the building volume; and the purpose of covering and burying is to conserve energy and restore the geomorphic landscape of the northern slope. In addition, the selection of materials is mostly stone from mountain cutting, which reflects the local folk construction culture.

清水河县位于内蒙古高原和山陕黄土高原中间地带，由于长期受流水的侵蚀和切割，地表呈现出波状起伏的低山丘陵地形，形成了遍布沟壑的峡谷地貌。在县城内部横贯而过的河流是黄河流域清水河段，此为地名由来。清水河博物馆的设计考虑到本地生态修复的迫切性，引入最小干预策略，初期将基地选址在河岸边一块建筑工地取土后的坡形场地中，以求达到适配目标。随着设计的深入，将建筑移置于坡上、借此形成上山的路，并打造市民活动空间，也呼应当地的黄河文化、峡谷文化、长城文化、窑洞文化等。

建筑是大地与太阳的儿子，大地比任何人为的环境都重要。一个建筑在其中的生活与其外界的自然关系越密切，就越具有生命力。
——弗兰克·劳埃德·赖特

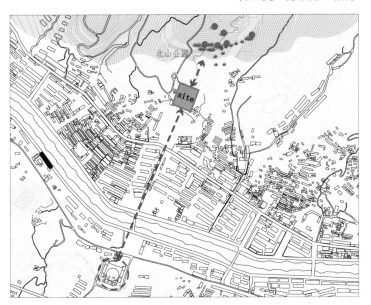

把控场地环境，设计上山的路，适配地形

在考察基地时，一块河道北侧坡形场地吸引了我们，经过进一步勘探，最终放弃了河道南侧的平地选址，把生态修复的任务交给另一个文化馆建筑，转而挑战这半山上的坡地以便综合利用清水河县的旅游资源，与县文化馆隔河相望亦可强化一条轴线。为了使体验者能在到达博物馆的过程中看到基地后方坡顶处北山公园中的烽火台遗迹，决定依照坡地走势与现状，以挡土墙与台阶的形式开拓出一条有抑有扬的曲折"峡谷"，既形成了一条上山的路，又达到借景效果，是一个合乎场地逻辑的设计策略。通过设计"上山的路"，用博物

馆连通南侧山脚下的市民活动广场与北侧山坡上的北山公园，在城市空间上形成了游览的路径，同时"峡谷"的设计与借景烽火台也回应了建设方提出体现峡谷文化与长城文化的要求。虽然项目因施工、造价、材料等因素经历多次改动，但是这条上山的路一直被保留下来，或许正是因为这条路除"到达"之外，还有"连通"的作用，它不仅开辟了城市活动空间，还将今时与旧日的社会活动场所相连，强化了博物馆作为公共建筑的社会属性。墙体从市民广场开始以随山势起伏转折的态势直至基地边界处，它们与地面、建筑、山体或其他片墙组合形成了一些大小不一的合院，这些院也因地形的差异被注入了不同的功能，如停车场、建筑入口空间、休憩空间、置物空间……这些空间不仅在总平面构图上相互呼应，且能在游客动线中有节奏地相继出现。

切割建筑体量，化整为零，适配地势

在山坡上置入用台阶、缓坡与平台穿插形成的"峡谷"，将建筑以功能分为主体展厅与附属办公两部分。从外部看去，分立的体量虽然弱化了建筑的整体性，却因此为游客争取到了良好的远眺视野与深刻的峡谷体验感受。从另一方面来看，设计中运用靠坡、覆埋等手法弱化建筑的独立性，也是为了适配基地环境的统一性。建筑的两部分平面均随着坡的走势犬齿交错地延展开来，只在半嵌入地下的一层处设置通廊连接：办公部分位于地势偏低的西侧，包括文化办公用房、管理用房、文物库、会议室与活动室等，入口也根据地势高差与功能要求设置了主、次与会议室共三个入口，建筑内部空间布局规则且层高较低，因此这部分即使为三层，却仍相较于一旁两层的主体建筑体量要小巧些；主体展厅位于基地东北侧，建筑内部以东西两侧分为门厅与展览空间，不同于规整的办公部分，展厅的布局是灵活多变的，如门厅在通高两层的大空间中只设了一部类峡谷形态的楼梯以增加游客连续的体验感。在展览空间中游客随着

室内交通流线的引导，不知不觉间于错层中观展，模拟了在室外山坡上不知何时竟已走上了别家窑洞屋顶一般的体验。如此动线既适配山体地势，又能够在有限的体量中扩展出丰富的空间。室内外都用特制的清水混凝土作为主要的墙体材料，重现峡谷地貌特有的经历风蚀与雨刷过后的红土肌理，又能将游客置于场景之中。半嵌入山体的手法愈发弱化建筑体量，加上屋顶的覆土设计，使得鸟瞰视角下的博物馆几乎完全"隐藏"在山体环境中。

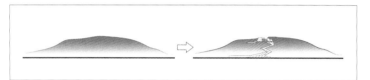

考虑节能生态，靠坡覆埋，适配地貌

石窑洞是清水河县的传统民居建筑的主要形式，其展现出来的倚靠山坡开洞、建筑屋顶覆土等典型生土建筑的特点，是当地盛产石料的地质、沟壑万千的峡谷地貌与四季鲜明的不均衡气温及西北季风气候等多种因素经过自然选择后形成的结果。石窑洞在场地的利用、院落的划分、上下错落的交通关系、调节微气候、采光通风和排水等方面都有相应的适地处理，清水河博物馆也诚实遵循了传统民居的建造智慧，建筑走势与体量随坡而筑，因地制宜地展开设计，适配基地环境；建筑使用屋顶覆土建造，被动地保证了季节变化时室内温度的稳定，从而突出了建筑节能效果；而两部分建筑之间的夹缝相当于风道，在本地西北风盛行的春秋季节有利于导风与排风，在调节场地微气候的同时也实现了建筑降耗；屋顶覆土处以草坪与灌木种植覆盖，引入最小介入干预理念来保护山体，并修复此处因施工取土后愈发脆弱的生态环境。此外，用覆埋的手法处理博物馆屋面博物馆使得建筑与周围环境融为一体，远眺之下仍可以看到完整的山体、山上的植被、靠山的窑洞等自然景色，让建筑在自然中平实地生长开来。为了抵消半嵌入山体与覆土屋面对空间形成的闭合感，在展厅中的门厅西墙与沿西侧屋顶开设窑洞形侧窗与带形天窗，引入自然光线。室内光线即可随时间而变化，照射在楼梯上，强化体验。

延续材料逻辑，承接传统，适配地质

设计中选用本地传统石料，延续在地材料物质属性；运用石窑洞的建造方法引起共鸣，同时也是对原有建造技艺和材料精神属性的传承。清水河县的地质与地貌决定了石材的开采与建造是较为便宜的，故本地民居形成了石窑洞的形式并保留至今，相应的建造工艺自然也传承下来。传统石窑的建造通常会使用在地的岩石进行筛选或简

单切割，后采用水泥砂浆进行填缝处理来砌筑墙体，因此项目施工开山时得到的石头也合理地成为博物馆建造所用材料之一。建筑室外最高处平台的地面、墙面与坡道的建造就真实地遵循了当地传统的石材砌筑方式，形成的肌理效果是由大小不等、形状不一的石块不规则地铺设，水泥砂浆薄厚不均地填补着石块缝隙，最终呈现出朴素与真实的建造。平台的毛石地面并没有因建筑边界的出现而截止，而是延伸至场地北侧，最终构筑成石质挡土墙。使用相同的质料处理方式生成的地面与墙面融为一体，一方面作为视线的导向延长了场地边界，引出上坡处的北山公园，同时抵消掉建筑立面的砖红色与公园中绿植出现的对比差异，从而起到过渡的作用。到达此处平台时因挡土墙的降低与地势变高，四周的石窑洞民居逐渐呈现出来，结合眼前博物馆立面上的窑洞形开窗与室外环境的材质，既符合了地形中石材的建造逻辑又回应了当地的窑洞文化。室内（主展馆）部分的质料关系从另一方面体现：如门厅中间的峡谷形式楼梯中台阶的黑色踢面嵌入土红的清水混凝土扶手墙，深化了峡谷的粗糙与纵深体验。

注重体验感受，丰富动线，适配地域

建筑需要为地区服务，对城市结构、城市职能要起到完善作用，这决定了博物馆设计在城市社会生活中总是有双重意义。从时代性而言，需要符合城市结构的要求与当代人的审美；从功能视角考虑，要达到凸显地域特色与传承历史记忆。简言之，场所串联着从过去到将来的时空。其中，动线设计成为使游客产生共情感受的贯穿始终的手法。动线的节奏从山脚红色墙地面的市民广场开始，随着广场向内逐渐收缩的引导性步入，游客首先体验到的是当地土质中特有的红色的视觉感受；行至"峡谷"时，倚着清水混凝土筑成的高墙，通过上坡过程中宽窄不一的台阶、斜坡、平台等空间，犹如在峡谷中曲折穿梭，"做功"时远处斜上方时隐时现的博物馆作为序曲，预告的同时勾起游者的好奇心，使得这条上山的路线虽长却也并不

枯燥；最后一个转折平台过后，随着台阶的上升，完整的博物馆出现在视线内，覆土的设计手法体现出当地民居与地形适配后的效果，与此时周围山坡上的民居共同将游者带入地域文化中；最后的动线高潮出现在步入室内的环节，门厅处具象的楼梯、室内材质肌理与色彩、外墙上高低错落的窑洞形开窗，以及游览时体验的内部空间错层与挑高等丰富的设计，恰能契合上山这一路"做功"时产生的感受。游览在其中会有"古今共赏一轮月"的平行时空感受，设计中看似粗放的建造风格，经过精心安排的行为路线，最终体现的是如当地文化一般质朴真实的性格。

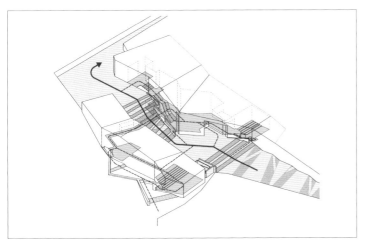

结语

清水河博物馆的设计过程是尊重人文、建构城市、服务社会的过程。经历过迫切修复生态的考量、建筑质料的再选择、经济受限的方案调整、传统建造技艺的传承难题等，最终完成。虽然从建筑社会属性出发将博物馆的体量一分为二，舍弃掉了建筑的整体性，但却打通了上山的路，连接了山下到山上的视觉空间与活动路线，强化建筑对城市空间格局的建构作用。建筑与地形、地质、地貌等要素适洽的同时，自然就满足了任务书"引入地域文化特征"的要求。设计中努力回应现实条件、尊重人的客观需要，用"此时此地"和"自然而然"的现实策略重塑地域特征和观者体验，显然是一种适宜的方式。

总平面图

次入口
主入口
次入口
主入口

1 门厅
2 展厅
3 科普展厅
4 临时展厅
5 报告厅
6 纪念品商店
7 休息区
8 设备间
9 杂物间
10 展品库房
11 消防控制室
12 消防水池

一层平面图

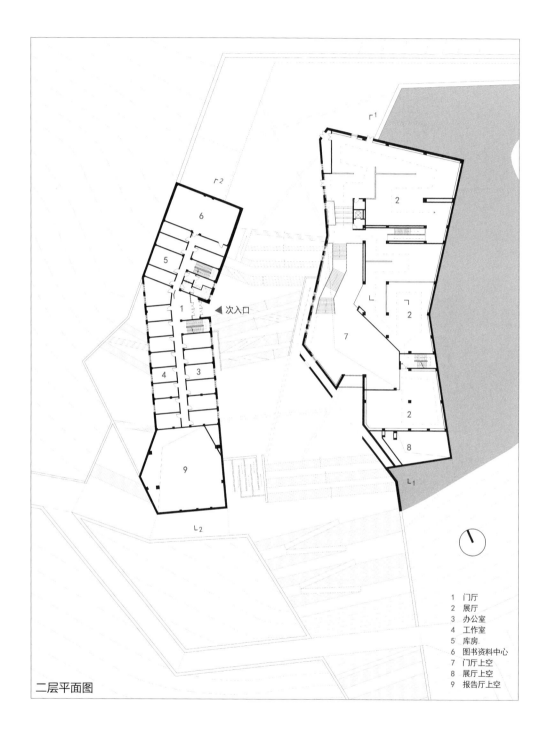

⌐¹

⌐²

6

5

1   ◀次入口

4   3

7   2

2

2

8

L₁

9

L₂

1　门厅
2　展厅
3　办公室
4　工作室
5　库房
6　图书资料中心
7　门厅上空
8　展厅上空
9　报告厅上空

二层平面图

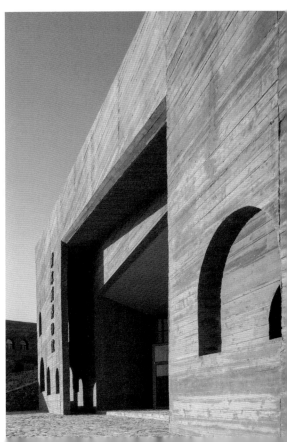

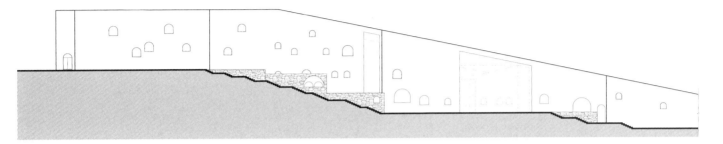

展厅西立面图

附属部分西立面图

附属部分东立面图

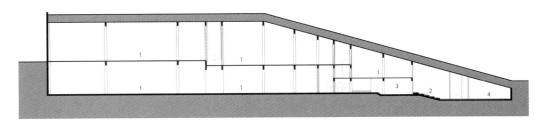

1   展厅
2   科普展厅
3   纪念品商店
4   设备间

剖面图 1

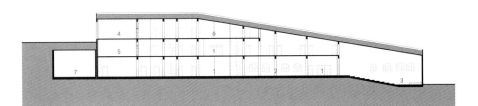

1   门厅   5   图书资料中心
2   临时展厅   6   休息区
3   报告厅   7   消防水池
4   小会议室

剖面图 2

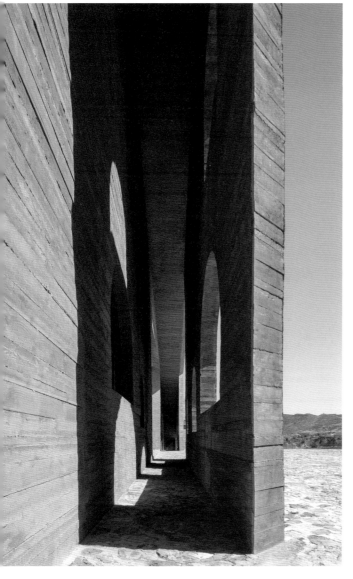

内蒙古兴安盟乌兰毛都大乐之野民宿
Lostvilla Ulan Modo Wild Hotel, Xing'an Leage, Inner Mongolia

地点: 兴安盟
设计时间: 2020 年
完成时间: 2022 年
建筑面积: 1500 ㎡
合作建筑师: 李登钰、薛剑、刘树英、白燕平、包明光、杜春枝、大乐之野设计部（软装）
摄影师: 唐徐国、张鹏举

Location:Xing'an League
Design time:2020
Complete time:2022
Building Area:1500 ㎡
Co Architects:Li Dengyu, Xue Jian, Liu Shuying, Bai Yanping, Bao Mingguang, Du Chunzhi, Dalezhiye Design Department (Soft Furnishings)
Photographers:Tang Xuguo, Zhang Pengju

场地的回响：
内蒙古兴安盟乌兰毛都大乐之野民宿设计

大乐之野乌兰毛都项目位于内蒙古科尔沁右翼前旗，由8组建筑单体组成，包括1个公共服务区、5组客房、1个泡池和1间员工宿舍。设计采用散落的布局方式，调控、调动场地的景观潜力与场所氛围。通过化整为零的体量操作，在建筑自身"物体感"与场地风土特征之间寻求平衡。建造逻辑来自当地牧民的自建房屋，选用当地石材作为墙体材料，以厚重的姿态锚固于大地，并回应场地中的乡土建造工艺。石墙之上，采用浅色铝镁锰板金属屋面，以精致的构造赋予建筑当代性。建筑以厚重与轻盈、精致与粗砺的对比，回应场地中混杂了乡土建造与工业建造的现实风貌。

Echo of the Site:

The Design of Lostvilla Ulan Modo Wild Hotel, Xing'an Leage, Inner Mongolia

The project of Lostvilla Ulan Modo is located in Horqin Rightfront Banner of Xing'an League, Inner Mongolia. It consists of eight units, including one public service buliding, five sets of guest houses, one spa&sauna building, and one staff dormitory. The design of masterplan adopts a scattered layout method to regulate and mobilize the landscape potential and atmosphere of the site. By dividing the volume of the buildings into small units, the intention is trying to seek a balance between the "object sense" of the architecture itself and the local characteristics of the site. The construction logic is derived from the venacular architecture of local herdsmen, using the stone near the site as the wall material, anchoring to the ground with a solid posture, and responding to the local craftsmanships. On top of the stone walls, light-colored aluminum-magnesium-manganese plate metal roofs are used to give the architecture a contemporary touch with exquisite details. The architecture responds to the mixed reality of local craftsmanships and industrial construction in the site by contrasting heaviness and lightness, delicacy and roughness.

大乐之野乌兰毛都民宿项目（以下简称大乐民宿）位于内蒙古兴安盟科尔沁右翼前旗乌兰毛都苏木，是当地草原面积最大、牲畜数量最多的牧区。面对场地中自然与人工两个层面错综复杂的线索，设计以直面场地的既存现实（existing reality）作为设计的起始条件。以场地中自然与人工的线索调配建筑要素，以当代技术所支持的构造手段体现建筑形式的当代性，在气质上类比又区别于场地的既有人造物，通过与场地建立关联来塑造自身的形式特征。

自然、人工与象征

内蒙古兴安盟科尔沁右翼前旗具有内蒙古地区最为壮丽的草原地景，蒙语中将这类地景称之为"杭盖"（意为有山、有水、有树的草原）。一方面，自然景观一如人们印象中风吹草低见牛羊般的如画图景：天地广阔，粗砺壮观。另一方面，处于草原地景中的村庄与牧人家中新建的房屋则以城市多见的彩钢屋面为主要建筑要素，并以厚重的砌筑石墙界定开自然界与人类活动的空间领域。具有普遍性工业生产的彩钢屋面与具有在地性手工砌筑的石墙成为场地的既存现实，共同构成了对于场地人造物的第一印象。随着对于场地信息的深入挖掘，整合了建造在地性与文化共同性的毡包作为一个特殊的形式类型被纳入我们的视野，并成为场地诸多形式线索的营养之一。

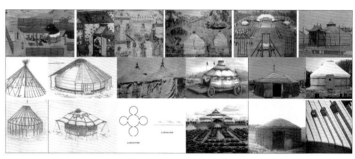

场地的异化

回应上述场地中自然、人工以及地域文化纵横交错的线索，成为启动设计的基本动力。场地的物理与人文要素在经过建筑师的内化后，确立了以"异化"为基本手段的设计策略。设计以一个基本的客房单元展开。单元经由方形平面形成向心空间，空间的中心性在剖面上通过四坡屋面的限定得到强化。空间概念也使得基本单元四坡屋顶的建筑形式得以确立。在水平与垂直方向被强调的向心空间结合四坡顶的建筑形式，暗合了毡包的空间与形式特征，是对毡包建筑形式的类比与异化。

异化的策略同样体现在材料的处理。受启发于场地及周边地区混杂乡土手工与城市工业的拼贴风貌，设计确立了以具有手工砌筑感的石墙与城市工业感的金属屋面作为建筑要素的表达，并通过等分的水平向线条，将石墙以"编织"的语言进一步刻画，最终在建筑表达上回应了场地气质，并在建造语言上类比蒙古毡包编织的建造方式。石墙的大面积开洞裁切了广袤的地景，并塑造了建筑回应环境的基本姿态。

上述策略构成了后续设计过程中调动建筑要素的重要依据，并在后续深化的过程中，随着用地条件、使用要求、运营要求等设计条件的逐渐明晰而不断调适。

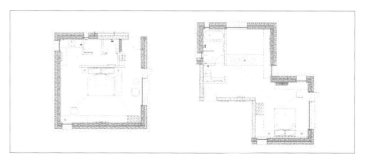

策略的调适

随着设计的深入，配合运营与使用的要求，发展出两种客房基本单元，并通过檐口高度与屋面高度的控制，形成舒展的形体比例。单元之间以厅或廊组织在一起，最终以水平方向展开，形成体量舒展、屋顶错落有致的客房建筑单体。各组单体连同宿舍、泡池房、公共服务区一起组成围绕中央草地而散布的建筑群。在对各个单体视线进行仔细的调配后，客房以不同大小的开窗，在维持客房私密性的同时，最大化地调动场地景观。居住单元室内氛围强调居室感，采用大面

积开窗所拉近的自然场景与粗砺的石材表皮共同强化。精心控制的构件尺寸形成了亲切的空间尺度，具有亲密感的木材与硅藻泥的室内覆层与砌筑石材所包裹的立面，形成了建筑分别回应自然与身体的不同面相。

墙体、基座与屋顶

公共服务区的建筑形式强调屋顶要素的表达，以匍匐的姿态落座于场地。围合空间的石墙由室外延伸至室内，强化空间的公共性。在水平剖面上，以墙体为基本要素，通过扭转、咬合的形式操作，切

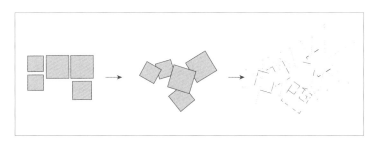

分并裁剪了不同的景观面向，同时限定出不同的功能领域。在垂直剖面上，通过地面标高逐级下沉的操作，提示出空间的序列与等级，形成咖啡厅–门厅–中央餐厅–尽端餐厅标高逐级降低，屋面逐级升高的空间序列。墙体要素在正负零以下的标高演变为与地面水磨石材质一致的墙裙，刻画出"基座"的形式阅读。"基座"同时也是结构意义上的建筑基础，承接屋面的石墙扎实地落在"基座"之上，提示出地面标高的变化并再现了力的传递逻辑，同时塑造了包裹身体的空间感受。餐厅空间序列的端部低于室外地面0.8m，碗状的基座与"U"字形的开窗，刻画出邀请身体入座的空间姿态，并强化了基座与屋面的感知。当人们就餐时，餐桌同草地同高，竖向分隔的开窗切分了远景并将视线引导至远方，提供了与自然更为亲密的空间感受。

砌筑与编织

建筑立面的石材来自当地，是当地牧民建房建圈的常用材料。经过筛选后，选定了以暖色系列为主，搭配青色的组合方式。为了保持石墙的重量感，只在靠近结构一侧100mm范围座浆砌筑。同时为了在有限的建筑面积下提供尽可能多的室内面积，构造设计将石墙厚度定为200mm。在竖向标高间隔450mm设置连接钢筋，钢筋端部用角钢铆接以50mm×80mm木条拉结石墙，以加强石墙的结构稳定性。最终，水平向的木条，不仅在结构的意义上拉结了石墙，并且在视觉上以"编织"的语言将石墙组织与整合，在语言上类比了毡包建筑绑扎的建造工艺。

粗砺与精密

石墙砌筑的皮肤赋予建筑以重量与粗砺，以此回应广袤的自然以及场地周围乡土的建造工艺，金属屋面则以轻盈与精致的质感赋予建筑当代性。面板选用浅灰色直立锁边锰镁铝板，以间隔300mm的直立锁边构造连接。为了保证檐口的挺拔，定制600mm宽的成品檐口铝板，与直立锁边形成对缝。客房的金属屋面如何与墙体交接成为构造设计的难点，视觉上不希望形成"挑檐"的形式，但是需满足滴水的构造需求。在几经尝试后，最终将檐口与墙体脱离，形成30mm缝隙，檐口向内深入50mm，并做滴水，以此完成视觉与功能的构造设计。缝隙形成的阴影使得收檐更显挺拔，对比出墙体的粗砺。

结语

本案是对于乡土度假这一建筑类型在设计策略与方法上的一次尝试。面对场地自然与人工两个层面的错综复杂的线索，设计避免"乡愁"与"布景"的形式操作，而是以直面场地的既存现实作为设计的起始条件，通过与场地建立关联来塑造自身的形式特征。这次尝试证明了，在乡建的热潮下被资本、社会大众乃至专业人士所忽视的匿名建筑（anonymous architecture）所构成的既存现实蕴含了相当的价值与潜力。某种意义上，这些匿名建筑的材料选择与建造手段，因其自下而上地适配在地的技术条件与生产网络而更具"在地性"。经历这次实践，我们认为，通过对场地既存现实的深入挖掘，建立对于场地整体性的理解，或许可以成为切入这一类型的实践时，除"乡愁布景"的手段之外，一个新的视角。

1 公共服务区
2 汤池房
3 一号客房
4 二号客房
5 三号客房
6 四号客房
7 五号客房
8 员工宿舍

总平面图

1　门厅
2　接待
3　咖啡厅
4　餐厅
5　厨房
6　食库
7　卫生间
8　储藏间
9　设备间
10　休息室

主入口

后勤入口

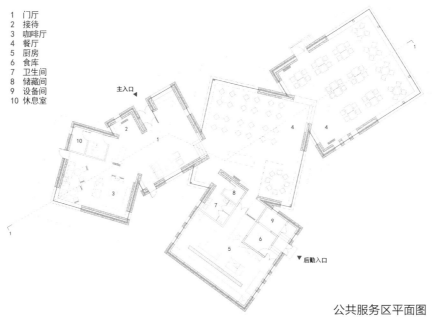

公共服务区平面图

1 餐厅
2 门厅
3 咖啡厅

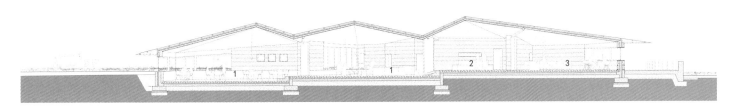

1-1 剖透视图

1 客厅
2 客房
3 布草间
4 设备间

民宿平面图 1

1 走廊
2 客房
3 布草间

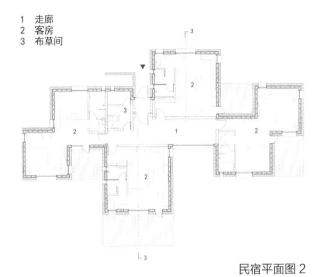

民宿平面图 2

1 门斗
2 客厅

2-2 剖面图

1 走廊
2 客房

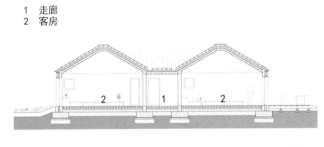

3-3 剖面图

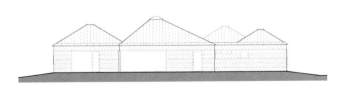

民宿立面图 1

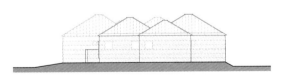

民宿立面图 2

内蒙古马鬃山游客中心
Inner Mongolia Mazongshan Tourist Centre

地点: 呼和浩特市
设计时间: 2022 年
完成时间: 2023 年
建筑面积: 1884.16 ㎡
合作建筑师: 李燕、杨耀强、郭鹏、黄利利、包明光
摄影师: 窦瑜钧、张鹏举

Location:Hohhot
Design time:2022
Complete time:2023
Building Area :1884.16 ㎡
Co Architects:Li Yan, Yang Yaoqiang, Guo Peng, Huang Lili, Bao Mingguang
Photographers:Dou Yujun, Zhang Pengju

组织:

内蒙古马鬃山游客中心设计

项目位于呼和浩特东南部马鬃山西向靠坡一侧，是由废弃村庄改造为民宿的公共服务部分，功能包括接待、餐饮、咖啡、健身、商店、棋牌、多功能等空间。建筑整体一层，局部设有夹层，内院是组织空间的手段，也是功能的延伸，并组织通风采光。平面形态由场地和动线进一步导出并组织，建筑体量沿地形逐渐向上升起，再由坡屋顶顺坡势向下覆盖，既配合村庄民宅，又与背景山体形成呼应。材料为红砖，进一步延续了场地的肌理。

Organization:

The Design of Inner Mongolia Mazongshan Tourist Centre

The visitor center is located on the west slope of Mazong shan in the southeast of Hohhot. It is a public service building renovated from an abandoned village into a B&B, including various spaces for reception, catering, coffee, fitness, shop, chess. There is only one floor within the building with a mezzanine constructed in the restaurant. The plane layout is derived and organized by the local terrain and the movement track. The inner courtyard is both an extension of function and a means to organize space and improve performance.Not only does the building gradually rise upward along the terrain, but also an intact pitched roof covers the building along the slope, which matches the village houses and relates to the background mountain. The material is red brick, further reflecting the texture of the site.

石门沟村地处呼和浩特马鬃山滑雪场西侧山脚，是到达滑雪场的必经之地。马鬃山民宿小镇以石门沟村的既有民居为基础，改造成为集住宿、餐饮、度假等功能于一体的民宿建筑群，本项目即为其中餐饮、服务与接待的公共用房，位于村西南，紧邻入村干道，以半围护形态置于民居之侧。项目设计谨慎组织并处理了新建与改造、场地与道路、建筑与山体、高差与动线、建造与材质等要素之间的关系，力求既融入环境又建立新秩序。

场地组织

游客中心选址于村口一块荒地，既保证了村落肌理的完整性，又突出了集散功能的统筹地位。场地西南侧为入村主路，与一个带有景观广场的小型水库隔路相望，其余方向被村内道路与既有民居紧密围绕，再远处是绵延群山，最高峰马鬃山上的滑雪道清晰可见。处于山脚的位置使得整村呈北高南低的走势，项目场地亦然，南北两侧高差达 2 米有余。用地呈三角形，被一条入村主路由西南至东北贯穿切割为一大一小两部分，设计将此村路规划为场地车行入口，小地块用于停车区，大地块承载建筑与景观部分。在靠近停车区一侧保留下来的成排高大杨树自然成为两个区域的界线，并成为积极的景观元素引导与过渡了停车和入口广场。入口广场有集散功能，横向几乎占据靠近水库一侧的用地边界，亦呈贴路布局状态，纵向则从场地西南边线到建筑入口以砖砌台阶处理场地高差。场地大部分用地退还景观，仅东侧紧邻既有民宅。建筑沿东用地边线南北向展开，延伸至两侧形成与边线平行的平面形态，同时东侧设出入口，便于游客往返于游客中心与民宿区。

由场地形状和周边道路导出平面基本形态，过程中，评估各项环境因素和各方向景观因素组织具体功能，建立了基本的布局框架。

空间组织

如果把西向入口广场理解为开放的边院，院子便是游客中心空间组织的语言。除此之外，建筑还设有两个内院分列建筑南北，以其为中心形成以功能用房紧密围合的两个回字形体块，由水平交通将这两个互成垂直向的空间体相连，整体呈 L 形布局，动静分区藉以明朗。内部，以建筑转角的主入口到接待前台空间为界，分设南北二区。北侧餐饮区沿东西方向展开，由西向东分别为咖啡厅、用餐区与设备用房，内院由餐厅、接待台、楼梯与卫生间围合而成。咖啡厅临场地西侧，室外即为入村主路与水库景观，故墙体以玻璃为主且做折角处理以达到室内外的视线交互。在其北的用餐区以独立的雅间开始，围绕北内院展开，并顺内院西墙设直跑楼梯，连通夹层上的餐厅。因内院正位于屋顶阳坡面，形成的北高南低的竖向形态可满足北侧两层的用餐区与南侧亲人尺度的接待区等功能区的景观要求，同时提供阳光和风。与北侧区域的丰富不同，建筑南侧回字形体块区域相对简洁平展，围绕内院的是健身、娱乐、多功能厅。两区连接处是接待台南侧的等候区，其空间因回应建筑外部正对的村内道路而做凹陷处理，使游客在等候时同时感受东西两侧不同的室外环境，以一种虚连接方式成为南北两区的过渡空间。

在建筑实体上"挖"出内院，围绕布局的各项功能既相对独立，又能紧密联系，还便于管理。除组织功能外，内院还形成构图上的虚实，将景和光引入建筑内部，在较厚的体量内部组织了通风，借以提高建筑品质。

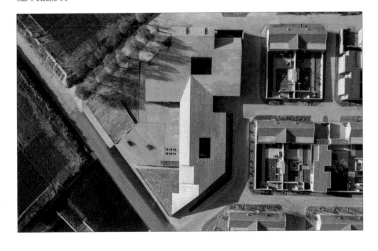

动线组织

建筑动线组织需将整体一层的水平交通和处于坡地的竖向高差过渡之间顺畅连接。室外场地形成如同莫比乌斯环的道路，随高差起伏与不同功能的 6 个出入口紧密连接。进入主入口的方式有三种：自北侧停车场进入主入口，沿着砖路与形体转角被引入场地北侧的草坡，随坡向南侧上行时与左侧咖啡厅内部形成空间交流，视线前方可逐渐看到水库景观、大片农田与远山，上至最高点时与集散平台相接，左侧即达主入口的外廊；自西南侧道路进入主入口，由直呈眼前的舒缓台阶引导，拾级而上后到达开阔的入口集散平台，在行进过程中建筑立面及细节逐渐清晰；沿场地南侧进入主入口，由室外檐廊引入，这一廊道由建筑主立面一侧的屋面向外延伸而形成，在结束处设砖砌花墙，构成类似北方院落中的抄手游廊。沿廊向上行进，室内外因通透的玻璃墙形成连续的交流行为，由下而上，随着高差的渐少，与尽端处入口的视线完全连通。

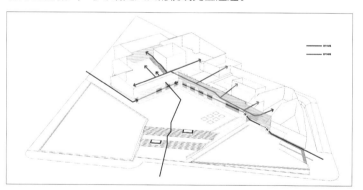

建筑内部空间水平方向的流线简明，竖向路径则根据地势由北至南做跌落设计。从北往南，动线自最北侧的二层用餐区为制高点开始，通过楼梯下至入口大厅，在这一过渡区域中，行进路线分别指向东、西、南三个方向。东侧主要为服务人员动线，沿接待台与北内院之间的过道可到达卫生间、设备间，通过理疗区即可到达与厨房共用的次出口；西侧的下沉接待区域标志着另一个功能领地的开启，为尽端恢复标高的咖啡厅作前序；向南则是由开放向私密转变的过程，从开敞的接待大厅到等候区，因空间突然压缩激活了东侧村路与西侧景观的视觉通廊，使得向南的室内动线变得犹豫；前方的展示区

继续压缩过道并出现台阶，在内院景观与光线的加持下，近 1 米的高差限定出静谧的水平交通空间，随着内院的结束而止步在两片交错的墙体前，在墙体夹缝之间转向下行 1.2 米是较宽阔的多功能厅，是建筑功能动线的终点。

形态组织

本项目设计中，建筑形态组织首先来自于外部。初勘场地，面对环抱状的群山、伏于山体的雪道、周边节奏整齐的民宅、一路之隔的水库及其周边平整的农田时，便确定游客中心要以平和的姿态介入场地环境，营建与场地环境共生相融的关系。相适的双坡屋顶是始终没变的选择。经一体化处理的屋面像一顶天幕笼罩着建筑向四周延展，因适配功能分区与场地高差而形成由北向南逐级压低的外部形态。最北侧屋顶因下方为二层餐厅成为建筑制高点，随后向东西两侧伸出，在配合西侧咖啡厅平面时自然生成锯齿形屋顶，强化了从场地到主入口的动线引导。最南侧的多功能厅上方是屋顶最低处，亦为屋檐出挑最深远之处，与西侧广场的草坡景观直接相连，随台阶向上升起的层层屋面与建筑内外墙体又形成重复的框景，强调了主入口的地位。在望向建筑主立面时，本为最高点的北侧屋面因透视变矮，随之消解的还有其下方的二层体量，从而有效融入环境，匹配了起伏山体的尺度，形成了形态的"大势"。

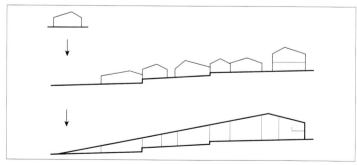

与此同时，由质料生成的"小形"营造了建筑相融于自然、师法于传统的性格。红砖是游客中心主要的建造词汇，也是形态组织的另一直接来源。建筑主体部分大面积使用耐火砖，建筑承重墙体以砖砌为主配短剪力墙，部分内墙则用红砖直接砌筑而成；新建筑自入口广

场的铺装到立面的花格墙直至蔓延到屋面的用材均与民宿肌理相似，均以砖为基本材料，或搭建或砌筑或覆盖，成为一个纯粹的砖房子。对于游客中心（甚至民宿小镇）而言，砖不仅是传统的面饰材料，还是真实的结构，亦为自明的构造，但同样的材料在不同的位置会形成相异的形态。台阶与围合边院的场地用砖铺砌，均为短边指向建筑的立砌方式，以划分边界；入口广场铺装采用朝向主入口的顺铺与垂直于西立面的平铺相结合的手法引导人流动线；外墙以一皮顺两皮丁（两丁砖之间留出一丁砖宽度）的传统做法呈现出方形花格窗，营造神秘与变化的光感；建筑山墙面的承重外墙以顺向砖层层铺贴，将靠近屋脊处的几排砖旋转为丁砖，突出了砖的厚重与立体感；山墙檐口与门窗过梁处以竖砌砖封边，明确界限且使建筑形态简洁；屋面在防水层上用 3 厘米厚砖平铺又使整体变得轻盈。

结语

如何组织以获得绿色属性是本案设计贯穿始终的主题。设计过程有如下思考：以内院为空间组织语言，在组织天然采光与自然通风的同时，因室内外景观连通引入更多的自然感，与人发生亲密互动；场地高差除找平等基本操作外，并未大兴土方，是尊重场地和经济性的考量；材料的选用与搭配受到周边传统民居的影响，而温暖的红砖与通透的玻璃使游客感受更多的是舒缓与放松；根据地势变化对游客动线做相应的竖向设计亦模拟了登山的做功过程，加强了体验感，等等。在本项目中，建筑的绿色性能来自于建筑本体，是设计在面对场地、功能、环境、文脉等环境因素时，结合使用者的体验感受最后形成的统合思维与相适表达。性能和体验都是建筑具有绿色属性的重要维度，更重要的是二者的融合，唯此绿色才能真正成为建筑的持久属性，这是本方案所追求的。

建筑主入口

场地主入口

N

0 1.5 3 6

总平面图

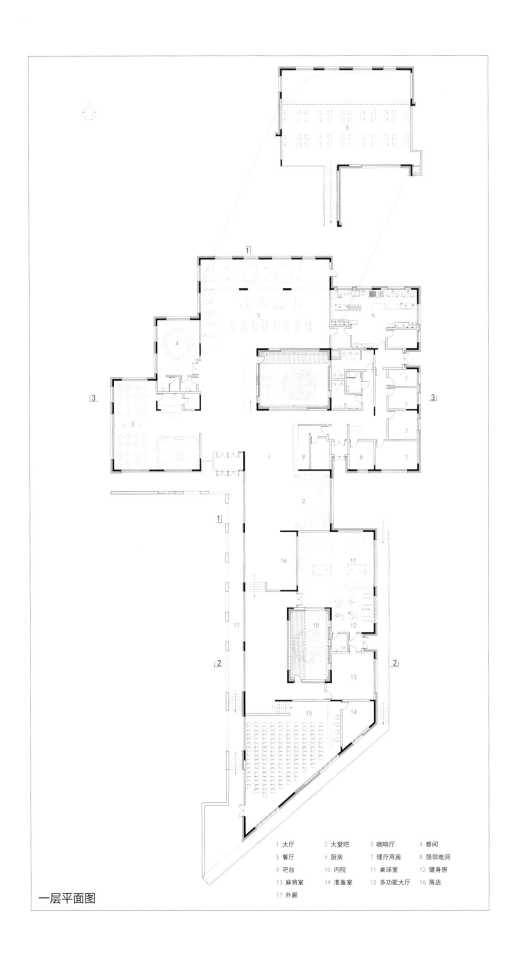

1 大厅   2 大堂吧   3 咖啡厅   4 雅间
5 餐厅   6 厨房   7 理疗用房   8 强弱电间
9 吧台   10 内院   11 桌球室   12 健身房
13 麻将室   14 准备室   15 多功能大厅   16 商店
17 外廊

一层平面图

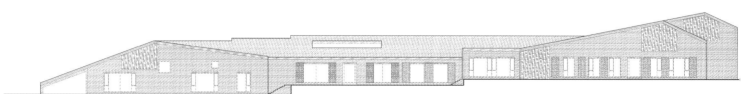

东立面图

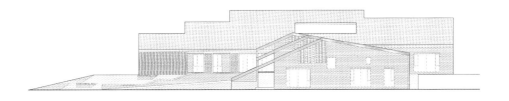

南立面图

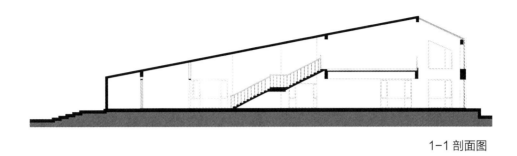

1-1 剖面图

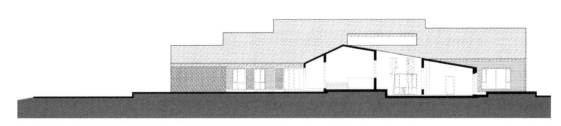

2-2 剖面图

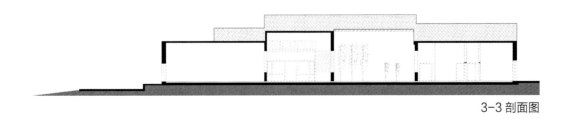

3-3 剖面图

附录

Appendix

附录一：《建筑档案》对话张鹏举 | 让时间沉淀进去，平实自然的生长

以文字纪实，以对话启发。
这里是《建筑档案》对话现场！

Appendix 1: *Architecture Archives*
Dialogue with Zhang Pengju | Let time settle in, plain and natural growth

Documented in words, inspired by dialogue. This is the Dialogue Live from the *Architecture Archives*！

"我在自己生长的地方设计建筑，个人觉得是一件很有满足感的事情。随着时间的推移，越多看到世界的广大，我越能感受到这片土地的丰富。"

"I design buildings in the place where I grew up, and I personally think it's a very fulfilling thing. As time goes by, the more I see the vastness of the world, the more I can feel the richness of this land."

从学建筑谈起
Starting from studying architecture

全部建筑作品都在这个地域
All architectural works are in this region

我小时候是能够不断看到村里邻居家盖房子的，也参与了自家盖房子的过程，看到木匠、泥瓦匠的工作，虽然当时对建筑没有什么认识，但现在想来，那就是我对"建造"最早的认知吧。那样的房子基于当地人居住的需要，基于祖辈习惯的建造方法，无论是需求或方法以及材料的应用都是自然平实的。

考大学选建筑专业，是因为这个专业在招生简章上对绘画基础有一个备注，而我恰好喜欢画画。真正开始接触建筑是上大学的时候。在那个年代，学生们考学的目标，就是上大学本身，很少会考虑择业，农村的孩子更是如此。

当时我对建筑这个专业的认识还是停留在农村"建造"房屋的"技术"层面上，虽然是片面的，但经历得多了，发现"建造"本身的营养是丰厚的。

大部分时间在内蒙古地区内活动，项目也都分布在这个区域内，去

外地出差，基本上就是做一些考察与交流活动。

我至少是没有将业务拓展到内蒙古以外当作自身或者设计院未来的发展目标。于我而言，这是一个很自然的选择，如果把建筑看作生存的话在当地就够了，如果有追求，在当地也足够了。更重要的是，我在自己生长的地方设计建筑，个人觉得是一件很有满足感的事情，随着时间的推移，越多看到世界的广大，我越能感受到这片土地的丰富。

内蒙古偏于中国北方，从地域上来说，与中国最前沿、最活跃的部分是有距离的。距离带来两个效应，一是疏离，缺乏深层的对话；但另一方面，距离也使得漩涡中心对这个地区的影响力减弱一些，至少没有那么容易被裹挟。我想我需要思考的，不是出去不出去做项目的问题，而是如何与外界建立并保持从容和平等的对话关系。对地域的尊重，本身是一种思考方法，甚至是价值观，不受地理位置的局限。

多年来，与建筑有关的工作确实就是我生活的一部分了，平时有90% 的时间都花在建筑上，除此之外，生活和别的内容其实很少，但我觉得这种状态挺好。

若说建筑需要进行分类
If we talk about a classification of architecture

一种是自然生长的建筑，另一种是预设的建筑
There are two types: naturally grown architecture and predetermined architecture

从开始接触建筑到现在，始终是一个自然而然的过程，没有感觉到思想转变的节点和清晰的界限在哪里，也并没有只干什么而不干别

的类型建筑的想法。

房子，我更希望它是从场地和需求中自然而然生成的，而不是由甲方事先植入一个概念，也不是设计者事先建立一个脱离场地语言的目标。在实际的项目设计过程中，甲方可能会有很强的主体意识，相关社会属性也会有一定的约束，这一类建筑可以称之为预设的建筑。前一类是我个人倾向的状态，也会投入比较多的时间和精力；反之，对于预设的建筑，作为建筑师其实能改变的有限，基本上，这一类型的项目我更倾向于作为产值任务来做。

一面是设计，另一面是生存。而生存是管理者的一份责任，所以第二类项目在数量上会大很多，相当于是基础，有了这个基础才能给创作提供条件，才能追求自然生长。但经常会面对一种中间状况：在不太自然的各种因素里进行协调和接纳。

早期，不管接到什么任务都会兴奋，因为知道：这样做，一群人就可以有活干。现在会有所不同，由内而外自然发生的项目更能让我觉得有创作的愿望。如果不是，同时也选择做了，就当作"定件"来做，尽量去满足各方的需要。**"定件"的那部分是一个真实的存在，作为和自然相对的这部分当然也很重要，但更为重要的是，会设有一个底线。**

更倾向于建筑的土生土长
More inclined to the natural growth of architecture

一种策略总是希望解决多个问题
One strategy always hopes to solve multiple problems

以自然而然的设计状态，去面对自然造就的环境与场所，建筑能够在环境中生成，也可以说这是一种土生土长的状态。

在这个状态中经常会有"就地取材""顺势而为",等等。经常会把"土"当作一种资源,一方面它是文脉资源,另一方面又是材料资源,从两个角度来让它进入建筑。当然,进入建筑的方式也是一种比较自然的状态。最终,呈现的结果希望建筑和项目所在的场地环境是融为一体的,是长在那里的。

比如:我们在内蒙古东北部做的一个项目——罕山生态馆。那里冬季的常温是零下40℃,建筑的保温节能是首先要努力解决的问题。我们认为最有效的办法,是让房子和基地的地形密切结合起来,于是,申请更改了选址,把建筑靠在附近小山坡上,把大部分本来可以裸露在外的界面,埋到山体的内部去了,只有向阳的前脸露出来,不仅解决了房子的保温问题,还通过用挖山的沙土石头作材料,把房子和山很好地结合在一起。实际上,这一办法关联了多个问题,也就是说建筑师的一个设计策略是能产生多种效应的。

多年来,早已形成了一种设计习惯:一种策略尽可能解决多个在地问题,我管它叫作在地策略的"统合多效",解决多个在地问题的设计策略通常会让建筑更自然、更平实。

每一次设计都是对当地资源挖掘的一个过程。比如:我们在草原建房会就地取土,把生土装在袋子里,然后一层一层地堆砌。这也是一种策略,挖掘建筑发生地的土资源,建成的房子当然是土的,是很直观的土生土长。

当然,许多从土里长出来的这种建筑,不一定是指土本身,更不是为土而土。它可能是一种我们对设计建筑这件事的态度和方法,有时是价值观,有时是策略。

我们努力延续的
What we strive to continue

或许正在被使用者抛弃
Perhaps it is being abandoned by users

当然,针对地域的设计,要充分考虑不同地域环境的不同特性,从不同的维度切入。内蒙古地域从东到西的风土差异很大,比如,很难总结出内蒙古狭长地域内传统聚落的共性特征,如果说有的话,只能做非常宽泛的描述,比如说建造技艺相对粗放等。但它的多样性表现很鲜明,而且这种多样性和它接壤的中原汉地相关,表现出明显的近地域性。生长在这块土地上,人们所形成的生活习惯和使用建筑的行为心理都跟地域有关。从林区到沙漠,从农区到牧区,人们的生活习惯很不一样。但是现在这些地方人的生活在慢慢趋同,当我们认为提炼出他们传统中应该有的生活习惯时,其实已经不是活的状态了,他们其实在寻求改变。

我们正在试图延续的,使用者也许正在抛弃,或者说正在寻求改变。我们需要从别人的改变中,去探求到底建筑能帮助他们实现什么。

这触及人的思考,需要建筑师跟使用者建立联系。

所以,我们经常是以开放的状态来看待这件事,按照一个现代人对于居所的需求来看待,按照他们当下的生活生产状态,给他做适宜的房子。而这也是一种自然而然的过程,在这个过程中去接纳很多不确定的因素。

自然中生长建筑
Architecture that grows naturally in nature

城市中生产建筑
Industrial buildings produced in cities
内蒙古也有呼和浩特、包头这样的城市,但我还是更喜欢在自然环境当中做设计，不管是沙漠还是森林，农区还是牧区。在这样的地方做设计，更容易让建筑自然发生。因为这样的房子规模相对小，介入的人相对也少，所以建筑师之外的意志施加上去的成分就比较少。但这不意味着让自我的东西放进更多，重要的是有了引导建筑自然生长的机会。

通常这样的房子不像城市当中的房子，要在很短的时间内快节奏完成。这样的房子可以拉长节奏，也就是说可以让它慢慢地长。

先是在心里有一个构想，不急于在某一天必须要完成它，当觉得还不够好的时候，先把它放到一边，远离它，什么时候当你又回来了，会突然发现这房子可以以某种方式生长出来。

现在城市中的很多建筑都是被生产出来的，是经济追求催生出的"产品"，而不是生长出来的。我们被建筑产品包裹着，卷进了一个无感的时代。我们只有给建筑生长的机会，将人的思想、场地的诉求表现出来才可能有一种绵延不绝的生命力。实际上有一个词叫适宜，如果土的办法是适宜的，那就用土的办法；如果新技术是适宜的，那就用新技术的办法。它来自于对功能的适宜、空间的适宜、建构的适宜、经济条件的适宜等的考量。

可能未来的建筑发展需要进入一个自然而然的过程，我们都太着急了，这种相对缓慢的"自然而然"，可以让时间沉淀进去。

对话附文：

张鹏举：平实建造，自我与无我的平衡

"我希望设计过程呈现并保持弹性和开放的状态，让它有一个自我发生及生长的过程。"

Zhang Pengju: Plain construction, a balance between self and non-self

"I hope the design process can present and maintain a state of flexibility and openness, allowing for a process of self-generation and growth."

平实，是适用于建筑的一种思考方式
Genuine is a way of thinking that applicable to architecture

我在 50 岁时候，想对以前建筑设计的状态进行一个总结，于是开始对之前的设计作品进行梳理，我希望总结出：在设计的过程中我是什么状态？所思所想的主要逻辑是什么？作品呈现出来的性格是什么？并由此取一个恰当的书名。

想用一个相对中性的词，我把选用"平实建造"的想法与南京大学赵辰老师做了交流，并请他给出英文翻译，赵辰老师认为用平实很合适，并说：你的平实状态是一种真诚的状态，故英文建议是 genuine constructing，同时强调过程。后来，我就把"平实"锁定为过去作品所表现出来的状态，同时，未来我也希望更接近这样的状态，这就是书名"平实"的来源。

我们所处的这个时代，许多城市的建筑通过夸张和渲染，寻求个体与个体的差异，显得个性鲜明，情绪亢奋，与之相对，"平实"这个词似乎显得挺没个性，也没有鲜明特质，可是我觉得如果走进去阅读建筑的话，平实的建筑却能让我们感受到真实生活的存在。

平实也意味着直面建筑本身，建筑本该呈现的就是一种真实朴素的状态。就像土地本身的特质一样，坦然直接，才有可能生发出自然的生命。自然的内在节奏是慢的，也是有逻辑的。

对待房子的态度也是如此，并不会急于给出答案，只要足够真诚，答案终会呈现。我希望设计过程呈现并保持弹性和开放的状态，让它有一个自我发生及生长的过程。如果某个答案或者某个策略非常具体，已经看到结果了，我本能地会想要将其排除掉。如果有多个

方案，哪怕方案初期不太成熟，但它或许有多个发展下去的可能性，我会选择这个方向。当建筑最终以平实的状态呈现出来时，与其说是创造了它，不如说是发现了它，似乎它本该如此。

建筑是直奔目标
Architecture aims directly at its goal

建造是过程，结果是自然呈现的
Construction is a process, and the result is naturally presented

思考的状态总是缓慢的，做设计和项目现场的状态却是快节奏的。总会在思考的过程给自己留更多时间，不到最后一刻不定案。有时候图上画的可能只是给自己假设了一个对话的对象，由此慢慢推演，尽量让建筑呈现出属于本地的状态，而不是从其他地方嫁接的。

保证确定的进度是必要的，但在施工现场我常常希望要慢一点，这是一个矛盾，我只能尽量让自己在工地的时间长一点，我想要发现在图纸上建构的与实际的现场体验，是否是我想要的？如果是，我会再去感受是不是漏掉了什么？是否会引导我产生新的想法？也会经常性地在现场修改方案，即便图纸上表达的理念已经实现了，但我可能还会修改，或许会产生更适合建筑本身的新方式。

平实的建造，真正要落地会存在一定难度，因为，每个地方的在地属性不同，以及各种关联性因素会影响建造。

所以，在设计之前会尽可能多地了解场地赋予的条件，也许是显性的，也许是隐性的，尤其是隐性的条件要尽可能多去了解，从而在建造过程当中去解决。跟甲方在前期沟通的时候所用的初期设计，尽管甲方满意，我也并不希望这就是最终的设计结果，可能在建造过程当中会有改变，最后完成的建造状态才有可能是那个本该如此的答案。因为，在建造的过程中可能会找到更加适宜的方式，存在多种解决方式总比只有一种解决方式要好，最恰当的方式就是对问题的最好回应。

通常我们说这是建筑，我更加愿意谈论建造。

建筑在我看来是主动创造出来的结果，而建造是一个寻找和发现的过程，更具现场感，存有一个过程性的特征，建筑是直奔目标，而建造是想强调过程之后结果的自然实现。

我一直处在"造"这个字上，这属于我个人选择的一种状态。

建造的过程中我会不断修改图纸，不断去改变它的呈现形态，这个是我特别坚持的。因为，经常第一笔落下去，会影响后面的思考，会导致弹性设计空间的丧失，所以，不会轻易就把第一笔画出来或者不会画得特别重。这种设计对应所有类型，不存在适合某一地方，而不适合另一地方。

我想强调的是，建筑师在全过程中对于"造"的参与，比如："我设计未必是我造"，这是常态，但如果"是我设计"又是"我造"的，那当然就是一个理想的完整过程。但更现实也较为理性的是，在造的过程中不断发现，不断创造。对于建造机制来说，追求过程而不是直奔预设的结果，也是一种重要的逻辑。

我在设计建筑的时候，又希望是有逻辑的，但逻辑又不是随意发生的，更不是强加的。我的逻辑比较多地表现为，从若干解决办法中选择出最适宜的那一个，结合现场所给予的，不仅要关注经济条件、

313

社会因素、场地限制、气候条件，更要多关注使用房子的人，这些都是在比较的过程当中发生的，是一个接近推理归纳的过程。

平实，像是存在于自我与无我之间
Plainness is like existing between self and non-self

《平实建造》一书的整理工作主要是在 2015 年，选择的是往前十年期间的项目，这些项目呈现出方法和性格上的某种统一性。从现在的视角来看，对于当时的结果又有新的认识，如果放在今天来做，改变应是必然的。

谈到"平实"这件事，像是在自我和无我之间去寻求一种有趣的平衡。自我，但要避免过强的主体意识，尽量让自己做一个发现者；无我，但又是我去发现和追求一个结果，我的经验，我的认知，我的情感，也都参与其中。

平实不是一种情绪，甚至是抛却情绪的,就像抛却急切喧嚣的语言特质。在写书前言的时候，我想把我理解的"平实建造"说清楚，可我发现完全做不到。因为，这本书呈现的不是一个最终结果，也许仅仅是阶段性的一个节点，可能再过 10 年，会在这个点上生出一个穗。在思考这个问题的时候，也跟一些经常能赐教的人聊，记得给黄居正老师看作品的时候，我征求过他的建议，只记得他赞同这个名字，但有什么建议我已经忘记了；当时也给崔愷院士看过，他也很赞同，说这个名字起得好，认为"平实"二字用在我的房子上贴切，用在我身上也贴切，崔总在 2016 年春节那天写了序，一直感激；赵辰老师说：更重要的是表达一种真诚。

真诚意味着不是为了表现而去表现的，如果有表现的成分，也是当时找到了解决建筑问题的适宜方法，而恰好有表现的成分，希望最多如此。比如：可能就恰好遇见了一种具有表现力的材料，与设计的理念相贴合。

大家常认为我的房子有地域的特征，如果有，这结果也不是一个房子呈现出来的，而是一群房子共同表现出来的特征。反过来看，谈到我的建筑是否呈现内蒙古的地域性，我希望不是那个宽泛的内蒙古，而是更小的范围，更愿意与具体的地点有关。需要说明的是，地域性绝不是我追求的目标，是一个结果。我期待人们在认识地域性的时候能跳出形式的层面，并持有一种较为动态开放的态度。

平实建造的方法并不固定，一定还会有新的语言，甚至是新的手段。这本书总共收录了十个房子，从第一个到最后一个，虽然不同时期我做设计的状态是一样的，但是导出的却是不同的结果。当然，要完全表达平实建造，可能还要更多的十年。

平实建造的设计思考
The design thinking behind plain construction

更愿意让学生了解到
Is more willing to be understood by students

因为我同时又是一名专业教师，学生们在资讯非常发达的前提下，他们做课程设计的时候耳边眼前都是很喧嚣的，等他们沉静下来的时候，可能已经过了若干年，而他们也已经做出了很多并不适宜的房子。

房子，对于年轻人来说总会更加关注表现，或者会把表现语言本身当作追求的目标，我希望能够通过建造教育的过程对他们有所引导，把这种理性的、真实的、自然的状态传达给大家，这也是当时的想法之一。

在书的内封里我写到：从普适到本土，从直觉到理性，从过度到适宜，从复杂到简单，从炫技到诚实，这是想给建筑系的学生们说的。

最后还想再重复一下，平实建造只是一个阶段性的思考，或许随着时间会长出新的枝叶。

附录二：《平实建造》项目简况

Appendix II: Brief Overview of Projects in *Genuine Constructing*

盛乐博物馆　Museum of Ancient Shengle Town

项目位于内蒙古境内北魏盛乐古城遗址旁边，是一座专题性小型博物馆。建筑以青砖和通过提炼北魏文化元素而特制的"佛像砖"作为墙体材料，整体形象厚重、简明，传达出"城""台"等的意象特征。同时，应对地形并参照文物保护的要求，采用下沉、覆埋等方式，进而结合"双墙""光缝"等生态策略，力求达到节能降耗、减少运营费用的目的。

Located by Shengle Ancient Town of North Wei Dynasty, this project is a small museum with a special theme. When making the design, the architect took into consideration such factors as tombs, beacon towers and the archaeology station, which are organically unified with museum. The walls of the museum, which are built with blue bricks and "Buddha Bricks" with North Wei cultural elements, give the museum a concise and solemn structure. The museum also reminds the visitors of "beacon tower" and "town". Besides, as a response to the requirements from the archaeological authorities, such construction methods as subsiding and landfill are used. Together with such ecological construction strategies as "double wall" and "light slit", these methods help to save the energy and management cost.

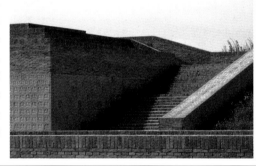

Engebei Desert Science Museum　恩格贝沙漠科学馆

项目位于库不齐沙漠的边缘。方案受基地环境的感应，汲取当地民居的形态特征和建造智慧，将建筑体量平实地分解、正交、平伏于大地上，并嵌埋于背景大青山的轮廓与自然坡地线之间，最大限度地保留基地的特征，由此造成动线在体量间连接、光线在体量间穿行、风在体量间流动，进而获得高效的空间、明晰的方位和朴素的风格，并自然产生生态节能的效应。同时，建筑外墙材料采用土黄色传统的水刷石做法，进一步与基地环境融合，力求表现一种平实的建筑品相。

This project is located at the edge of Kubuqi desert. The design is made in consideration of the overall environment of the desert and the structure of the local inhabitants' houses. The weight of the building is decomposed, distributed and released on the ground. This museum is a nice complement to the scenes in its background, where the outline of Daqingshan Mountain and its slopes can be noticed. The maximum preservation of the original land features and enables the traffic line, which connects different parts of the structure, to run through the building. With the light travelling the wind flowing through the building, the most effective use of the building is realized. The clear indication of the direction and the unadorned style help to make this building an organic part of the nature, which can also help to save the energy. The exterior walls of the museum are painted with brown water paint in the most rudimentary methods, which is another indication of spontaneity.

内蒙古工业大学建筑馆 Architecture Hall of Inner Mongolia University of Technology

建筑馆由校园中的一座废旧厂房改建而成。设计工作主要表现为对现有空间的功能置换，即，识别原有厂房各个空间的特征，平实地赋予或引导适宜的新功能。在此基础上，对原有结构进行对症式的改造加固，并采用被动式的生态通风系统，同时，对废旧材料进行重新利用。上述策略是在一种统合多效的原则上进行的，从而产生了两种基本的效应：一是强化了原有场所的工业气氛，保存了一种特定的人文记忆；二是利用了废材，减少了垃圾，节约了造价。

Architecture Hall of Inner Mongolia University of Technology was built from a discarded old factory. The main consideration for the construction of this building is the exchange of functions for the existing space. After all of the available space in the factory was identified, different news functions were re-established spontaneously and appropriately at different parts of the factory. In addition, the previous structures were reinforced for the new functions with the passive ventilation system installed. At the same time, the old materials are reused. All the strategies and methods are developed on the basis of the goal of unified multi-functions. Two basic effects are realized from this construction. On the one hand, the industrial tradition and atmosphere are preserved, which can bring the visitors back to the past. On the other hand, the reuse of the old materials has helped to recycle the waste materials and save the cost.

Inner Mongolia Grand Architecture Design Building　内蒙古工大建筑设计楼

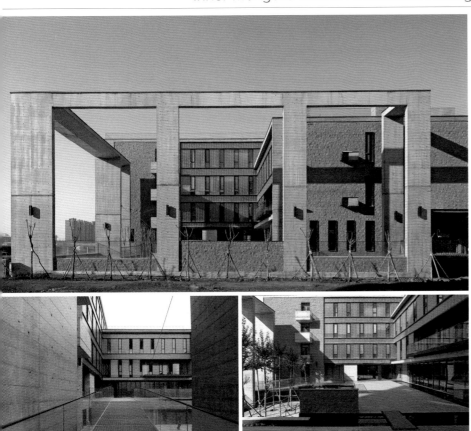

建筑位于社区一角，在遮光、退线等城市规则决定基本体量的前提下，设计从形体空间到界面形式再到材质构造，步步推演，营造属于设计楼的空间品相：抽取角部体量，留出边院，并适度下沉，形成从城市空间到室内空间的过渡，增加入口空间的领域性；切分剩余体量，在之间形成中厅，引入阳光、组织通风，形成室内空间的公共核心，增强空间的识别度和场所感；选择本色的材料和真实的构造统一了空间的基调，整体传达一种内敛、平静、并有归属感的空间性格。

Architecture Design Building is located at a corner of a community. In accordance with the concept that the basic weight of the building is decided by such urban factors as shading and property line, in the overall design, such considerations as the shape, interface and the materials of the building have been taken into. The design is made to reflect the nature and features of a design building. The space of the corner of the building is left for a lounge at a lower level. This can give a smooth transition from the exterior environment to the interior space. The entrance of building is emphasized, which makes it possible for the extra space to become a lobby. In this way, improvements can be made in illumination and ventilation. The public section of the building gives people a sense of identity and spaciousness. The use of original materials and color as well as the spontaneous structure has given this building such special space features as modesty, quietness and a sense of belonging.

斯琴塔娜艺术博物馆　Siqintana Art Museum

项目是私人斥资兴建的一座小型博物馆，意在展示收藏、传播文化、促进地区艺术的交流。用地选在呼和浩特市一条南北河道的东侧。设计以起坡的方式在低水位河面与建筑之间建立了联系，借此将各类辅助空间和车位藏于坡下，再通过形体的化整为零，消减并纯化了建筑的体量感。同时设计用一条坡道和一个置于三层呈半围合状的内院组织路径，增强进入时的体验和仪式感。最终，建筑获得了极简的实体、纯粹的空间和静谧的氛围，整体营造了内省的空间性格。

As a privately owned and financed museum, Siqintana Art Museum is a small scale museum devoted to exhibit the owner's collection, to disseminate the local culture and to promote the art exchange among different regions. Located at the east bank of a river running through Hohhot from north to the south, this museum has a descending structure, which connects the water at the lower level with the museum. In this way, all the auxiliary space and the parking lot are hidden under the building, which not only saves space, but also helps to reduce the sense of the weight of the building. The road leading to the entrance of the museum, which is on the third floor surrounded by a small half closed yard, is on a slope. When they enter this museum, the visitors can have a sense of solemnity and respect. Due to all these considerations, this museum has such characteristics as simple structure, spaciousness, and quietness, reminding people of the nature of this museum, i.e., introspection.

Tourist Centre of Shengle Heritage Park　盛乐遗址公园游客中心

项目位于内蒙古盛乐古城博物馆已经建成的场地秩序中。设计选位于场地东北角，与入口一侧的附属用房以一种抱合的方式组织布局，设计顺势打散体量，取得与既有建筑尺度上的统一，进而利用场地的高差将建筑嵌埋其中。新建筑与既有建筑拉开间距，在解决采光通风的前提下，形成线状分布且充满高差的内院。最终，建筑外形方正简明，与原博物馆取得性格上的一致，建筑内院则丰富生动，充满市井生活的气息，延伸了人的游园体验，照应了游客中心这一主体功能。

This building is located at the north east corner of the surrounding area of Inner Mongolia Shengle Museum, which is connected with an auxiliary building at the entrance. The design is made to reduce the weight of the building by making best use of the existing conditions. In this way, the dimensions of different buildings can complement each other and the tourist centre can be hidden among all other tall buildings. The distance between this new construction and the old buildings can help to enhance the effect of ventilation and illumination. In this way, the new construction can become an integrated part of the park. The shape of the building is regular and plain, an indication of the function of the tourist centre.

内蒙古工业大学建筑馆扩建 Extension of Architecture Hall of Inner Mongolia University of Technology

内蒙古工业大学建筑馆扩建，是在一种有着强烈性格指向的环境中完成的。设计以理性的方法来应对感性的空间表情问题。在排除了沿用老馆材料表皮的前提下，避开形式表现，借助"砌筑"这一平实的建造方式使新、老建筑产生了共同的性格基础，进而，选择混凝土砌体结构，以诚实的建造逻辑，通过单元布局中的一系列分离、过渡、连接、开放以及动线的流通，使新老建筑之间在厚重、真实的表情中相互对话，相得益彰。

The extension of Architecture Hall of Inner Mongolia University of Technology was completed with the principle of creating a unique character for the building. The rational design is used to solve the problem of expression of the space. Instead of using the old materials for the wall, both the new and old hall have developed a common and complementary character by using this spontaneous building method as "brick laying". Besides, using concrete as the building material and following the basic construction principles, the old and new halls complement each other in this solemn and truthful atmosphere due to such considerations in the designing work as separation, transition, connection, openness and linking of the surrounding lines.

Wuhai (Inner Mongolia) Youth Innovative Industry Park 内蒙古乌海市青少年创意产业园

内蒙古乌海市青少年创意园位于内蒙古乌海市海勃湾区东山脚下，由一座废弃的硅铁厂改造而成。改造设计采取了一系列平实的策略：用开放空间的方式完成视觉信息的呈现；用丰富动线的方式完成适于儿童的漫游式体验；用保留痕迹的方式完成记忆信息的提示；用以新衬旧的方式完成对特定信息的强化，进而在一系列材料选择、表皮措施、环境适配等表情认同的策略中传递出基于精神空间营造的"光阴感"，强化出一种在既有建筑改造中应有的特定品质。

Situated at the foot of East Mountain of Haibowan District, Wuhai, Inner Mongolia. This project was completed on the basis of a discarded ferrosilicon smelting plant. A lot of strategies of spontaneity were used in designing this project. For example, the open space is used to give the visitors a better view, the rich surrounding lines give the adolescents a wonderful traveling experience. Some of the original structure were kept to remind people of the history of this site, which can also reinforce the visitor's impression of the new project. The careful selection of the materials, the special treatment of the wall surface and the proper adjustment of the surrounding environment give visitors a strong awareness of the history, which can reinforce their understanding and appreciation of the new project.

乌海市黄河渔类增殖站及展示中心 Wuhai Yellow River Fishing Station and Exhibition Centre

项目位于内蒙古乌海市西邻黄河的对岸，是一座水利枢纽的配建工程，功能包括生产和展示空间。设计首先开放了交通动线结合若干内院弹性地提供了展示空间，进而打碎体量，平铺于场地当中，与有限的树木相融布置，隐身于独特的河岸风景中。在此基础上，建筑用平实的材料——红砖，对一个附近废弃砖窑的留存进行直接建造。随后的设计就演变成了一场关于这种朴素材料的游戏：砖如何成墙，墙上如何开洞，墙地又如何交接以及顶部如何保护等的平实建造活动。

Located at the bank of the Yellow River in the west of Wuhai, this project is an auxiliary project of a hydro complex. It is used for fishing industry and exhibition. In order to give the visitors a sense of spaciousness and enlarge the exhibition space, the traffic lines are designed in a flexible way. The weight of the building is divided, enabling it to lie on an open space surrounded by the sparsely planted trees. In this way, this building is hidden in the beautiful view of the bank of the Yellow River. In addition, the traditional building material, red brick is used to enhance the sense of spontaneity.All these bricks are made in a nearby discarded traditional brick kiln. In the later stage of the design, the focus is on the best method to build the walls to open holes, to connect the walls with the surface of the ground and to protect the roof of the building.

Hanshan Ecological Hall and Tourist Centre 罕山生态馆和游客中心

项目位于内蒙古通辽市北部罕山林场的入口处，建筑由功能分为博物馆和游客中心两个体量，它们前后错位，分置于两个小山坡上。该地寒冷，阳光和风成为设计的核心要素，同时保护自然环境是设计的切入点。综合应对这些要素和目标，自然平实地生成了建筑形态的基本策略：体量背坡面阳，后部埋入坡内，形体沿等高线顺山体呈层层退进，表皮材料则是挖方后得到的碎石，由此，建筑融入了场地，保护了自然，节约了造价。

Located at the entrance of Hanshan Forestry Range in the north of Tongliao, Inner Mongolia. In accordance with the dimension of the structure, this project is divided two parts, a museum and a tourist centre. The two parts are located on the two hill slopes side by side. Due to the cold climate conditions in this region, illumination and wind prevention are two priorities in the design work. Moreover, protection of the environment is another factor to be considered. Taking all these factors into consideration, a unique design plan is made. While letting the sunshine go through the front of the building and making the back of the buildings buried under the slope, the design enables the shape of the buildings follow the slope of the hill. The surface of the walls are made from the crushed stones collected while the foundations of the buildings were built. In this way, the buildings have become an organic part of the nature, the nature is protected and the cost is saved.

临河岩画博物馆　Linhe Hetao Cliff Painting Museum

岩画艺术博物馆位于内蒙古临河市城区边缘铁路以西的一处园林中。设计在总平面成形于基地走向秩序的基础上，将基地中的人流引入建筑内部并成为展线布置的逻辑依据。此动线串联起各功能空间和若干庭院，为加强内外空间的流畅感，设计还将阳光、水面引入建筑，进一步削弱建筑室内外的界限，让空间在一种漫游的动线中兼具了园林属性，延伸了人的游园体验。同时，设计选用的混凝土砌块材质令建筑在粗犷中沉稳，在沉稳中安静，从另一角度强化了建筑的园林品质。

Hidden in the woods west of the railroad at the edge of Linhe City, Inner Mongolia, Linhe Cliff Painting Museum is designed by considering the natural dimension of this land, which can help to lead the visitors in a natural way into the building. This, in turn, can help to make the best arrangement of the exhibits. The outline of the museum shows different zones of different functions and several separate yards in order to facilitate the smooth transition from the exterior to the interior. The sunshine and water are led into the museum to further minimize the boundary of the exterior and the interior. This design makes people feel like walking in garden to enjoy the beautiful scenes. In addition, the use of the concrete makes this museum more solid and steady, which is another indication of the nature of a peaceful garden.

Other Architectural Works   其他建筑作品

后记

Postscript

后记

从《平实建造》到《平实建造 II》，其间六年时间一半是疫情，设计受其影响，施工更是如此，多个项目没能实现预期，也因经济原因，本该收入《平实建造》的项目，直到《平实建造 II》出版时仍未竣工。曾想暗暗效仿何镜堂先生"设计一个项目，发表一篇文章，获一个奖"的"三联步"更成泡影。

所幸，编辑过程中长辈、师友的指点帮助，却成意外收获。

东南大学史永高教授曾在 2019 年来内蒙古时看过多个项目，应允为本书写评述。为此，做过几次简短讨论，永高认为我的建筑存有某种"秩序"，与"风""景"关联，并认为这种"风景"不局限于外部的自然，而是也包括了人在这个世界中的存在，因此这种"秩序"就是一种经验在地生活、建造的自然外露，既是人力与自然的博弈与妥协，也是人工对自然的对抗与尊重，进而，永高建议改书名为《风景的秩序》。

建筑学报执行主编黄居正先生认为"质"可成为关键字，指出"质"有多重意思，既是有品质的建造，又是"文质彬彬"之"质"，表达的是一种朴野的边地风格。史永高教授进一步解读为"文质、地质、品质"，分别对应适应自然、适配传统、适宜建造等。籍此，我曾一度想把居正建议的"边地质造"设为书名。

崔愷院士仍然喜欢"平实"，在序中写道"喜欢'平实建造'这个名字，每当看到这个名字，眼前就浮现出在平阔起伏的草原上，坚实而厚重的建筑时隐时现，让人有一种恒久的感觉"。我没有向院士讨教过另起书名，但我猜想，院士一定看出《平实建造 II》效仿《本土设计》成系列出版的意图。于我而言，再次请序而获准，实在是一件荣幸的事。

张锦秋院士在细品了《平实建造》中的作品后，向我推荐"智"字，先生评价说，我的建筑在平实中有"智慧"，仅用"平实"不足以表达内涵，"建造"则又容易联想到施工，可以叫"平实智造"。先生进一步又说，把地域概念加进来就更好了，可有一个"蒙"字，如为"蒙 * 智造"。关于"蒙"后面的字，先生微闭眼睛默念："地、原、境……"，想了一会儿后把作业留给了我。

前辈、师友的指点让我品味了很久，我感佩他们的睿智，深感实在没有能力融合他们的高见，只得以出版社已立项为借口宽慰自己，仍然用了《平实建造 II》这个书名。但我十分感激他们实际上暗示了我今后努力的方向。

本书的策划和完成，还要感谢许多人：唐旭主任的帮助；张广源先生扶持；刘卓媛老师的翻译；窦俞钧的摄影；胡冉、扎拉根白尔的编辑；托亚、杨耀强、李佳、陈毅、赵震等的图文以及书中提及的合作设计的建筑师们。 最后，再次感谢崔愷院士的作序！感谢张锦秋先生的教诲！感谢黄居正先生的指教！感谢史永高教授为写评述付出的辛苦！

张鹏举
2023 年 4 月

Postscript

From "Genuine Construction" to "Genuine Construction II", it took six years, during which half of the time was affected by the pandemic. The design was impacted, and construction even more so. Several projects were unable to meet expectations and, due to economic reasons, projects that should have contributed to the revenue of "Plain Architecture Construction" were still unfinished when "Genuine Construction II" was published. I once thought of emulating Mr. He Jingtang's "Three-Step" approach of "design a project, publish an article, and win an award", but that turned out to be a pipe dream.

Fortunately, during the editing process, the guidance of my seniors and colleagues turned out to be an unexpected gain.

In 2019, Professor Shi Yonggao of Southeast University visited several of my projects in Inner Mongolia and promised to write a review for this book. We had several brief discussions, and Professor Shi believed that my architecture possessed a certain "order", which was related to "scenery". He also believed that this kind of "scenery" was not limited to the external natural environment, but also included the existence of people in this world. Therefore, this "order" was a kind of natural exposure of experience in living and construction on the land. It was both a game and compromise between human beings and nature, as well as a confrontation and respect for nature by human beings. Therefore, Professor Shi suggested that the title of the book be changed to "The Order of Land-scape".

Mr. Huang Juzheng, the executive editor-in-chief of the Journal of Architecture, believes that "quality" can become a keyword. He pointed out that "quality" has multiple meanings, representing both high-quality construction and the refinement and elegance. It expresses a simple and rustic style of the border region. Professor Shi Yonggao further interpreted it as adaptation to nature, adaptation to tradition, and suitability for construction. Based on this, I once thought of using the proposed "Border Quality Construction" as the title of the book.

Academician Cui Kai still likes "Genuine and practical", and wrote in the preface that he likes the name "Genuine Construction". Whenever he sees this name, he envisions solid and sturdy buildings on the vast and undulating grasslands, giving people a sense of permanence. I have not consulted the academician about choosing another title, but I guess that he must have recognized the intention of creating a series of publications, similar to "Local Design", with the title "Genuine Construction II". As for myself, it is truly an honor to have the preface granted again.

Academician Zhang Jinqiu, after carefully studying the works in "Genuine Construction", recommended the word "intelligence" to me. He commented that my architecture has "wisdom" within its simplicity, and that "plain and practical" alone is not enough to express the meaning. "Construction" is easily associated with construction work, so he suggested the title "Plain and Practical Intelligent Construction". He further suggested incorporating regional concepts into the title, using the word "Meng" to create "Meng * Intelligent Construction". When contemplating what word to place after "Meng", he closed his eyes and silently thought of words such as "region, origin, and environment" before leaving the decision up to me.

The guidance and advice from my seniors and mentors have been deeply appreciated and I admire their wisdom. However, I do not possess the ability to integrate their insights, so I had to console myself with the excuse that the publishing house had already approved the title "Genuine Construction II". Nonetheless, I am extremely grateful that they have pointed me in the direction of future efforts.

The planning and completion of this book could not have been possible without the help of many people. We would like to thank Director Tang Xu for his assistance, Mr. Zhang Guangyuan for his support, Ms. Liu Zhuoyuan and Yang Danyu for their translation, Dou Yujun for his photography, Hu Ran and Zha Lagengbeier for their editing, Toya, Yang Yaoqiang, Li Jia, Chen Yi, Zhao Zhen and other architects who collaborated on the designs mentioned in the book. Finally, we would like to express our gratitude once again to Academician Cui Kai for writing the foreword, to Academician Zhang Jinqiu for his guidance, to Mr. Huang Juzheng for his advice, and to Professor Shi Yonggao for his hard work in writing the reviews.

Zhang Pengju

April , 2023

图书在版编目（CIP）数据

平实建造．Ⅱ = GENUINE CONSTRUCTING Ⅱ / 张鹏
举著．-- 北京：中国建筑工业出版社，2023.7
　　ISBN 978-7-112-28827-4

　　Ⅰ．①平… Ⅱ．①张… Ⅲ．①建筑设计－研究 Ⅳ.
① TU2

中国国家版本馆 CIP 数据核字 (2023) 第 110467 号

责任编辑：唐　旭　杨　晓
责任校对：王　烨
版式设计：胡　冉

平实建造 Ⅱ
GENUINE CONSTRUCTING Ⅱ
张鹏举 著
ZHANG PENGJU
*
中国建筑工业出版社出版、发行（北京海淀三里河路 9 号）
各地新华书店、建筑书店经销
北京雅昌艺术印刷有限公司印刷
*
开本：880 毫米 ×1230 毫米　1/16　印张：$20\frac{3}{4}$　字数：647 千字
2023 年 7 月第一版　　2023 年 7 月第一次印刷
定价：218.00 元
ISBN 978-7-112-28827-4
(41213)